VERSUS

Frank Menzel

Einfach besser arbeiten

KVP und Kaizen –
Kontinuierliche Verbesserungsprozesse
erfolgreich gestalten

Versus · Zürich

Zur Reihe «VERSUS kompakt»

Die Bücher der Reihe «VERSUS kompakt» richten sich an alle, die sich mit geringem Zeit- und Arbeitsaufwand gründlich in ein Thema einlesen und das erworbene Wissen sofort umsetzen möchten. Das neue Format bietet gesichertes Fachwissen, von Experten geschrieben, auf knappem Raum und in gut verständlicher Sprache, mit zahlreichen Querverweisen, Anwendungsbeispielen und Praxistipps. Die einzelnen Bände setzen sich grundsätzlich aus drei Teilen zusammen:

- Der *erste Teil* enthält eine Einführung, die einen Überblick über die wichtigsten Fragen und Probleme des Gesamtthemas gibt.

- Im *zweiten Teil* werden einzelne Themen, Modelle und Instrumente vertieft behandelt und mit Beispielen und Praxistipps veranschaulicht. Die einzelnen Stichwörter sind alphabetisch geordnet und werden jeweils auf einer Doppelseite erläutert.

- Der *dritte Teil* enthält Fallstudien oder Beispiele.

Auf der *Website* zur Buchreihe (www.versus-kompakt.ch) können Sie Formulare und Checklisten abrufen, downloaden und ausdrucken, die Sie in der Praxis verwenden können. Hier finden Sie zudem Lösungsvorschläge zu den Fallstudien.

Folgende Symbole helfen Ihnen, sich im Buch zurechtzufinden:

 Zahlreiche Querverweise auf die Stichwörter im zweiten Teil erleichtern die Orientierung, machen Zusammenhänge sichtbar und geben die Möglichkeit, zu einzelnen Themen und Sachverhalten die vertiefenden Informationen rasch und einfach zu finden.

 Bei der Lupe finden sich vertiefende Texte. Dies können Beispiele, Exkurse, Regeln, Übungen oder Interviews sein.

 Die Glühbirne ist das Symbol für die Praxistipps, die Ihnen dabei helfen, das Gelesene umzusetzen.

Beim aufgeschlagenen Buch finden Sie weiterführende Literaturtipps und -empfehlungen sowie Weblinks.

Vorwort

Geht man davon aus, dass es das oberste Ziel eines Unternehmens ist, durch zufriedene Kunden Geld zu verdienen, so ist dies nur erreichbar, wenn man den optimalen Kundennutzen bietet und sich durch Preis und Qualität von der Konkurrenz abhebt. Jedes Unternehmen, egal ob produzierendes Gewerbe, Dienstleister oder öffentliche Hand, ist heute gefordert, Prozesse, Handlungen und Produkte im «Bermudadreieck» von Qualität, Kosten und Kundenorientierung ständig zu verbessern. Die Potenziale sind, wie die Erfahrung zeigt, in jedem Unternehmen vorhanden. Allerdings sind Verbesserungen, die ausschließlich auf technologische Innovationen fokussieren, nicht mehr ausreichend. Die kontinuierliche Verbesserung durch die Problemwahrnehmung und die Ideen der Mitarbeiter rückt immer stärker in den Mittelpunkt.

Ein institutionalisierter kontinuierlicher Verbesserungsprozess (KVP) hat sich in vielen Unternehmen längst als Erfolgsfaktor etabliert. Als «geheimer Wettbewerbsvorteil» und Quelle von Motivation und Innovation hilft er, Verschwendungen im Unternehmen zu entdecken, Arbeitsabläufe zu optimieren und Einsparpotenziale sichtbar zu machen. Doch vor allem ist er ein Prozess, der Nachhaltigkeit in die Veränderungsarbeit bringt.

Das vorliegende Buch ist das Ergebnis einer langjährigen Tätigkeit als Berater in der Einführung und Umsetzung von kontinuierlichen Verbesserungsprozessen. Es wendet sich an alle Menschen, die sich privat, im Studium oder im Beruf über den aktuellen Stand von KVP und die organisatorischen und betrieblichen Zusammenhänge informieren möchten. Das Ziel war es, ein praxisnahes Buch für den täglichen Gebrauch zu schreiben, das einerseits ein übersichtliches Nachschlagewerk, andererseits aber auch ein strukturiert aufgebauter Leitfaden ist.

Ich wünsche Ihnen viel Spaß beim Lesen des Buches und Erfolg bei der Umsetzung Ihres KVP!

Frank Menzel

Inhaltsverzeichnis

KVP und Kaizen im Überblick

KVP und Kaizen von A bis Z

KVP und Kaizen: Beispiele

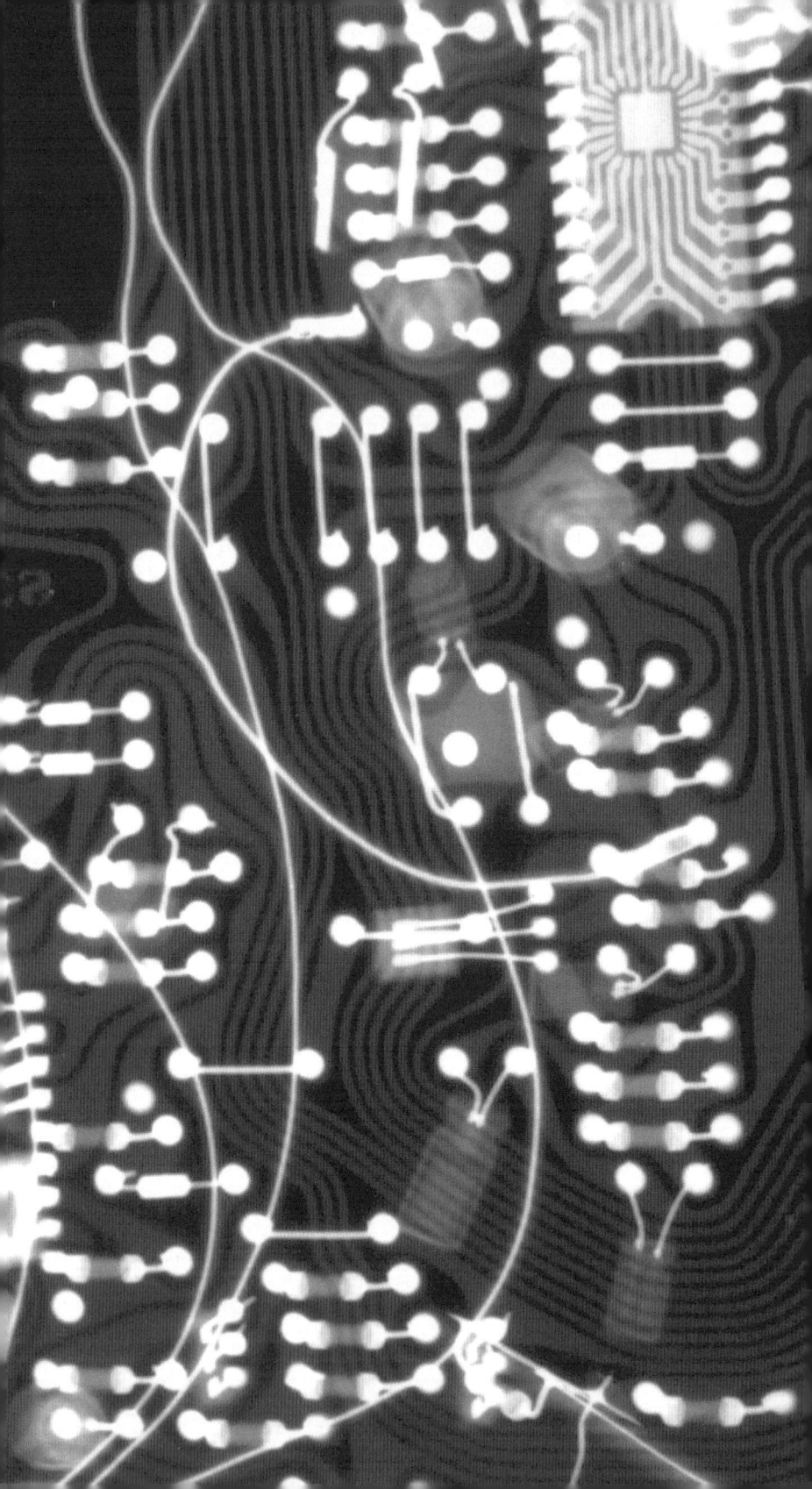

KVP und Kaizen im Überblick

1 ____ Den KVP gestalten

1.1 ____ Was ist der KVP und wie funktioniert er?

Der Messschieber wandert durch die Vibration der Maschine langsam zum Rand der Abdeckung. Jetzt genügt ein kleiner Schubs und er fällt. Genau das passiert, als der Maschinenbediener die Anzeige kontrolliert. Er wischt mit dem Ärmel des Arbeitskittels über den Messschieber und stürzt ihn in die dunkle Tiefe des Maschinenkörpers. Das passiert zum dritten Mal in diesem Monat, sodass der Bediener schon eine gewisse Routine und Fingerfertigkeit in der folgenden Prozedur erlangt hat: Abdeckung abschrauben, Taschenlampe holen, Messschieber mit einem zur provisorischen Angel umgerüsteten Zollstock herausfischen. Die Chance, diesem Schauspiel noch ein viertes oder fünftes Mal in diesem Monat beiwohnen zu dürfen, stünden nicht schlecht – wäre der Bediener jetzt nicht so genervt, dass er beschließt, das Problem ein für alle Mal zu beseitigen. Er bastelt sich aus einem stabilen Pappkarton eine kleine Ablage für den Messschieber und befestigt sie mit Doppelklebeband an der Maschine. Ein Problem ist erkannt, eine Idee gefunden, eine Verbesserung umgesetzt. Bereits nach kurzer Zeit fällt den Kollegen die Veränderung auf und einige erkennen den Nutzen und beginnen mit dem Nachbau für ihren eigenen Arbeitsplatz. Irgendwann kann der Produktionsleiter die Provisorien aus Pappe nicht mehr sehen und weist den Betriebsmittelbau an, sie durch stabile Standards zu ersetzen. Eine Idee macht Karriere und wird zur Selbstverständlichkeit.

In diesem Beispiel hat ein Mitarbeiter gehandelt und eine Verbesserung ist entstanden, die für ihn Arbeitserleichterung ist und für die Firma gleichermaßen Einsparungen, nämlich den Wegfall der Rettungsaktionen, zur Folge hat. Schaut man dagegen in den betrieblichen Alltag, bleibt es häufig beim «Man müsste mal ...». Zu viele Faktoren sprechen dagegen, sich konstruktiv mit dem Problem auseinanderzusetzen:

- Keine Zeit («Tagesgeschäft hat Vorrang!»),
- keine Lust («Die anderen machen ja auch nichts!»),
- keine Erlaubnis («An den Maschinen darf nichts verändert werden!»),
- keine Motivation («Ich hätte schon gute Ideen, aber wenn ich nichts dafür kriege ...»/«Dafür werde ich nicht bezahlt!»),
- keine Ansprechpartner («Da bräuchte ich Hilfe, aber wenn ich frage, bekomme ich nur dumme Sprüche zu hören!»).

Und so bleibt erst einmal alles beim Alten, es wird lieber gemeckert als gehandelt, und die Probleme schlagen auf die Stimmung. Genau an dieser Stelle setzt der kontinuierliche Verbesserungsprozess KVP (engl. Continuous Improvement Process CIP) an.

Die Grundidee im kontinuierlichen Verbesserungsprozess lautet: Statt zu nörgeln oder denselben Fehler immer wieder zu machen, halten die Mitarbeiter Probleme schriftlich fest oder machen Verbesserungsvorschläge, die ihren Arbeitsplatz betreffen. Dadurch unterscheidet sich der kontinuierliche Verbesserungsprozess von anderen Veränderungsprozessen: Zu Beginn kann beim KVP durchaus «der Blick durch die Problembrille» stehen – das heißt, es reicht zunächst, wenn der Mitarbeiter ein Problem beschreibt, ohne gleichzeitig eine Lösung zu haben. Um die wahrgenommenen Potenziale und Ideen dann systematisch zu nutzen, bedarf es einer Organisation und einer Infrastruktur, die die Umsetzung der Ideen unterstützt.

Der kontinuierliche Verbesserungsprozess ist als strategisches Instrument üblicherweise bei der Geschäftsführung verankert, um seine Bedeutung hervorzuheben und den disziplinarischen Durchgriff auf die einzelnen Unternehmensbereiche zu gewährleisten. Die Geschäftsführung definiert die strategischen Ziele und entscheidet, wie sie die ▶ benötigten Ressourcen zur Verfügung stellt. Um einen reibungslosen Ablauf zu gewährleisten, werden Rollen, Aufgaben und Verantwortlichkeiten für den Prozess definiert und die benannten Mitarbeiter qualifiziert. Weiterhin delegiert die Geschäftsleitung an die benannten KVP-Verantwortlichen den Aufbau der Infrastruktur. Dazu gehören beispielsweise das Prämiensystem (▶ Geld- oder Sachprämie, ▶ Wertschätzung und Anerkennung), die ▶ Visualisierung von KVP-Umsetzungen, ▶ KVP-Karten, die Gestaltung der ▶ KVP-Tafel etc. Die Mitarbeiter ihrerseits schreiben Ideen auf Karten oder liefern, da sie ja die Experten für ihre Arbeit sind, Problembeschreibungen aus ihrem Arbeitsbereich. Die Vorschläge der Mitarbeiter werden dann zeitnah geprüft. Erfahrungsgemäß können viele Vorschläge unmittelbar umgesetzt werden. Bei größeren Problemen werden Lösungen im Team erarbeitet, in einen Maßnahmenplan überführt, umgesetzt und überprüft. Die ▶ Motivation, am kontinuierlichen Verbesserungsprozess teilzunehmen, kann durch ein Prämiensystem gestützt werden. Ein Mess- und Informationssystem macht über ausgewählte ▶ Kennzahlen die Veränderungen für alle Beteiligten sichtbar und die Erfolge messbar. Das ist das Grundprinzip in der täglichen, praktischen Durchführung von KVP.

Fasst man den Blickwinkel etwas weiter, so kann man auf der organisatorischen Ebene das übergeordnete theoretische Konzept des KVP wie folgt beschreiben: Der kontinuierliche Verbesserungsprozess bezeichnet die ständige Verbesserung in kleinen Schritten, die von Mitarbeitern im Rahmen vorhandener Prozesse durchgeführt wird. Der KVP fordert die Mitarbeiter dazu auf, sich mit ihren Arbeitsprozessen kritisch auseinanderzusetzen, generell stärker in Prozessen als in Abteilungen oder Hierarchiestufen zu denken und die eigenen Ideen in die Teamarbeit einzubringen. Beim KVP werden die betrieblichen Verbesserungsprozesse nicht mehr allein als Managemententscheidungen von oben oder von außen vorangetrieben, sondern es erfolgt zusätzlich eine breite Mobilisierung von unten, also auf der Ausführungsebene. Das heißt, die Qualität wird auch genau an dem Ort sichergestellt, an dem sie entsteht – nämlich an jedem einzelnen Arbeitsplatz.

Zugegeben, die Idee ist nicht neu. Der Industrielle Alfred Krupp hatte bereits 1872 in seinem 72 Paragraphen umfassenden Generalregulativ zur Geschäftsführung und Unternehmensorganisation den Hinweis darauf gegeben, dass Verbesserungsvorschläge seitens der Belegschaft stets dankbar entgegenzunehmen seien – ein Gedanke, aus dem das heutige ▶ betriebliche Vorschlagswesen (BVW) und in ähnlicher Form auch das sogenannte Neuererwesen in der DDR hervorgegangen sind.

Näher verwandt mit der ▶ KVP-Philosophie ist jedoch das japanische ▶ Kaizen, das genau wie der KVP nicht am fertigen Verbesserungsvorschlag eines einzelnen Mitarbeiters, sondern bereits an der Problemwahrnehmung im Team ansetzt, um Verbesserungspotenziale zu identifizieren. Die Begriffe KVP und Kaizen werden in der Regel synonym gebraucht. Lediglich in der Stringenz der Umsetzung macht sich der kulturelle Hintergrund gelegentlich bemerkbar.

Allen genannten Methoden gemein ist, dass sie versuchen, die Ideen der Mitarbeiter durch einen institutionalisierten Rahmen in einem standardisierten Ablauf zu bearbeiten, zu prüfen, umzusetzen oder abzulehnen. Gleichzeitig stellt die Freiwilligkeit der Teilnahme ein zentrales Gestaltungselement eines kontinuierlichen Verbesserungsprozesses dar. Um dennoch eine hohe ▶ Motivation zur Teilnahme zu erreichen, versucht man daher, KVP weniger als eine Methode anzuwenden, sondern mehr die ▶ KVP-Philosophie in die Unternehmenskultur zu integrieren (Abbildung 1).

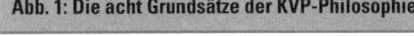

Abb. 1: Die acht Grundsätze der KVP-Philosophie

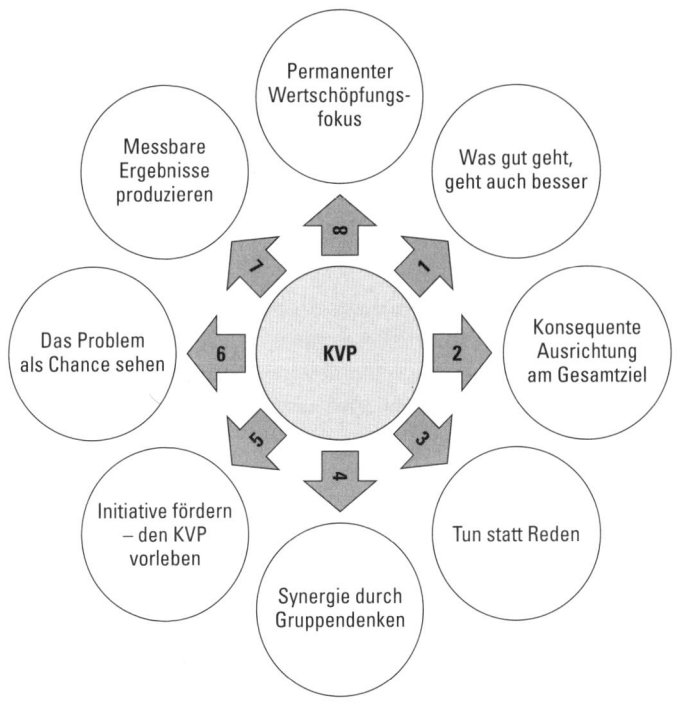

Dabei ist entscheidend, den kontinuierlichen Verbesserungsprozess nicht primär als Rationalisierungsprozess zu begreifen, sondern auch die vielen kleinen Ideen, von denen kaum finanzielle Effekte ausgehen, zu würdigen. Denn sie sind die Basis der ▶ Ideenpyramide und Grundlage für die ▶ Motivation zur Teilnahme der Mitarbeiter am KVP. Wer hingegen davon ausgehen muss, dass die eigenen Ideen und Vorschläge zum Abbau von Arbeitsplätzen dienen, wird sich in der Regel nicht sonderlich engagiert beteiligen, zumal wenn er befürchten muss, langfristig selber betroffen zu sein. Andererseits ist natürlich auch klar, dass von Unternehmensseite die Effizienzsteigerung ein Grundbaustein aller Überlegungen bei der Einführung des kontinuierlichen Verbesserungsprozesses im Unternehmen ist.

Dazu ein Gedankenexperiment: Angenommen, Sie arbeiten erfolgreich in einem Unternehmen und leiten einen Bereich, der mit Arbeit voll ausgelastet ist. Nun werden Sie aufgefordert, mit Ihrem

Bereich oder gar im gesamten Unternehmen im nächsten Jahr eine zehnprozentige Effizienzsteigerung zu erreichen – was würden Sie tun? Viele Führungskräfte würden, mit dieser Herausforderung konfrontiert, wahrscheinlich Effizienzsteigerungsprogramme, Geschäftsprozessneuordnungen oder schlicht Rationalisierungsprogramme als Lösungsansätze nennen. Diese Programme werden üblicherweise top-down eingeführt, und der Mitarbeiter wird vor vollendete Tatsachen gestellt und hat sich in die Auswirkungen der Veränderung an seinem Arbeitsplatz zu fügen. Neben erheblichen Reibungsverlusten in der Umsetzung kommt es hier regelmäßig zu Resignation, Unverständnis und damit zu einem teilweise drastischen Motivationsabfall bei den betroffenen Mitarbeitern. Zudem sind die erwarteten Effizienzsteigerungen keinesfalls sicher.

Zu diesen üblicherweise top-down initiierten Prozessen stellt KVP einen Gegenpol dar und gibt den Mitarbeitern bottom-up die Gelegenheit, Inhalte, die ihren eigenen Arbeitsplatz betreffen, schrittweise zu verbessern und so zum Unternehmenserfolg und zur eigenen Zufriedenheit beizutragen. Letztlich entsteht in der Summe der vielen kleinen Verbesserungen auch eine große Veränderungswirkung, an der die Mitarbeiter mitgestaltet haben und hinter der sie stehen (Abbildung 2).

Unternehmen, die auf diese Weise mitdenkende Mitarbeiter haben, sind auf Dauer erfolgreicher und wettbewerbsfähiger, weil sie das evolutionäre Prinzip des KVP zur Weiterentwicklung nutzen und so unnötige Ausgaben oder Verschwendung kontinuierlich entdecken und eliminieren. Der gedankliche Ansatz hierzu ist die Überlegung, dass jedes Produkt mit seiner Vollendung bereits den ersten Schritt seines Verfalls erlebt, der dann, sofern ihm nicht kontinuier-

Abb. 2: In kleinen Schritten zum Erfolg

liche Verbesserungen entgegengehalten werden, unweigerlich fortschreitet. Dies gilt natürlich in gleichem Maße für die Fähigkeiten des einzelnen Mitarbeiters wie auch für das gesamte Unternehmen. «Wer nicht vorwärtsrudert, treibt zurück!», lautet eine gängige Managementweisheit. Die Verbesserungen und das permanente Optimieren stellen somit eine Gegenkraft zu dem sich ständig weiterentwickelnden äußeren Markt dar. Geht man davon aus, dass das oberste Ziel eines Unternehmens ist, durch zufriedene Kunden Geld zu verdienen, so kann es das nur erreichen, wenn es den optimalen Kundennutzen bietet und sich im Hinblick auf Preis und Qualität von der Konkurrenz abhebt. Besonders im Hinblick auf die Produktionskosten lassen sich durch kontinuierliche Verbesserung und die konsequente Vermeidung von Verschwendung und Blindleistungen sowie die Definition von Standards deutliche Spareffekte erzielen, die letztlich auch den Spielraum bei der Preisgestaltung erhöhen.

Die entstehenden ▶ Effekte des KVP sind dabei nicht zu unterschätzen: Zahlreiche Studien und Befragungen zeigen, dass sich bei konsequenter Anwendung neben positiven Auswirkungen auf die finanziell quantifizierbaren Größen wie Durchlaufzeit, Liefertreue, Bestände auch Verbesserungen der weichen Faktoren wie Zufriedenheit, Motivation, Identifikation ergeben (Abbildung 3). Im Verhalten der Mitarbeiter zeigt sich die Wirkung des KVP durch eine

Abb. 3: Chancen und Risiken von KVP

(+) Chancen	(−) Risiken
■ Kostenersparnis durch Verringerung von Verschwendung	■ fehlende strategische Zielvereinbarung
■ Senkung der Durchlaufzeit	■ mangelhafte Planung der nötigen Ressourcen im Hinblick auf Zeit und personelle Ausstattung
■ Verbesserung der Termin- und Liefertreue	■ Nichtfunktionieren der KVP-Organisation
■ Bestandssenkung	■ unzureichende Qualifizierung der Beteiligten
■ Qualitätsverbesserung	■ fehlende Nachhaltigkeit
■ Erhöhung der Mitarbeitermotivation	
■ Steigerung von Problem- und Kostenbewusstsein	
■ Verbesserung der (bereichsübergreifenden) Zusammenarbeit	
■ Entlastung der Führungskräfte	
■ Verbesserung des Betriebsklimas	

verbesserte Kommunikation und Zusammenarbeit sowie ein er-
höhtes Problem- und Kostenbewusstsein. Die Schaffung von Frei-
räumen, in denen die Mitarbeiter selber gestalten können, fördert
hier regelmäßig erstaunliche Potenziale ans Tageslicht. Letztlich
würden viele Ideen und Vorschläge ohne den KVP-Ansatz, die Probleme schriftlich festzuhalten, im Tagesgeschäft schlicht nicht auf-
gegriffen.

Allerdings können diese Ergebnisse nur erreicht werden, wenn
die drei zentralen ▶ Erfolgsfaktoren «Schnelligkeit in der Bearbeitung der Idee», «Transparenz über den Entscheidungsweg der Idee»
sowie die «Nachvollziehbarkeit der Entscheidung bei der Umsetzung, Modifikation oder Ablehnung» berücksichtigt werden.
Jede Abweichung von diesen Faktoren führt unweigerlich zu einem
Nachlassen in der Bereitschaft der Mitarbeiter, sich zu beteiligen.
Werden die Erfolgsfaktoren insgesamt missachtet, nutzt schließlich
nur eine kleine Zahl hartgesottener Mitarbeiter den KVP – nämlich
genau die Mitarbeiter, die auch ohne KVP im Tagesgeschäft Veränderungen anpacken.

Ein KVP ist kein methodischer Standard, sondern lässt viele Freiheitsgrade in der Gestaltung der Umsetzung. Es gibt verschiedene
▶ KVP-Formate, die sich in ihrer Ausrichtung durch die unterschiedlichen Zielgruppen oder Protagonisten voneinander unterscheiden. So werden in der gängigsten Variante, im Blitz- oder Mitarbeiter-KVP, durch eine hohe Beteiligung die vielen kleinen Ideen
bereichsintern umgesetzt, während im Experten-KVP eher bereichs-
übergreifende Themen bearbeitet werden. Zwar hat der KVP seine
Wurzeln in der Produktion, er wird aber häufig auch in die administrativen Bereiche ausgedehnt, da die Prozesse der Produktion mit
denen der Verwaltung und Administration auf vielfältige Art und
Weise verknüpft sind. So nutzen Zeiteinsparungen im Minuten-
bereich in der Produktion nichts, wenn im Büro wegen unklarer Zuständigkeiten, zeitaufwendiger Rücksprachen, defektem Drucker
oder unauffindbarer Papiere stundenlange Verzögerungen entstehen.

Bei der Einführung von kontinuierlichen Verbesserungsprozessen wird hingegen selten im administrativen Bereich begonnen.
Einerseits weil die Prozesse zeitlich vorgelagert sind, und man sich
so der Illusion hingeben kann, verlorene Zeit in der Produktion wieder aufzuholen, andererseits wird die Einführung dort in der Regel
von deutlich mehr Anfangswiderständen seitens der Beteiligten begleitet. Unserer Erfahrung nach ist ein KVP im Büro der «härtere
Brocken», wenn es um die Einführung geht. Potenziale hingegen

gibt es auch hier reichlich. Man hat es jedoch einfacher, wenn die Kollegen aus der Produktion schon positive Ergebnisse im KVP erarbeitet haben und das Konzept aus den eigenen Reihen heraus propagiert wird.

Ein ▶ KVP im Büro ist nur bedingt nach dem gleichen Vorgehen erfolgreich wie in der Produktion. Durch die geringere Standardisierung der Arbeit und die hohe Anzahl an Freiheitsgraden in der Gestaltung des täglichen Arbeitsablaufes können hier die größeren Erfolge durch die Analyse und Optimierung des persönlichen Arbeitsstils und die Prozessanalyse des Zusammenspiels der administrativen Abläufe erzielt werden. Während Büroarbeitsplätze in der Regel einschichtig besetzt sind, jeder Mitarbeiter also seinen festen Arbeitsplatz mit seiner individuellen Ordnung hat, wird in der Produktion oft mehrschichtig gearbeitet, sodass es auch eine größere Anzahl von Mitarbeitern gibt, die sich am Arbeitsplatz zurechtfinden müssen. Dem Thema Ordnung und Sauberkeit kommt nicht zuletzt aus diesem Grund in der Produktion eine größere Bedeutung zu als im Büro. Der beliebte KVP-Einstiegsworkshop «Ordnung und Sauberkeit im Büro», in dessen Verlauf nicht nur das Büro aufgeräumt, sondern gelegentlich auch Ablageplätze für Stifte und Kaffeetassen definiert werden, verkommt daher in der Praxis schnell zur Farce, mit der Folge, dass der gesamte KVP als künstlich und überzogen empfunden wird.

Als relativ neues KVP-Format mit einer speziellen Ausrichtung hat sich der ▶ Guerilla-KVP seinen Nischenplatz erobert. Gerade in kleinen und mittelständischen Unternehmen (KMU), in denen oftmals die Erfahrung mit ganzheitlichen Produktionssystemen und Veränderungskonzepten fehlt, hat sich dieses Konzept etabliert, das durch eine Mischung aus gezielter punktueller Veränderung und einer Prise Provokation eine Verbesserungsdynamik ins Unternehmen trägt, die die Mitarbeiter zum Nachdenken und Mitmachen anregt.

1.2 _____ Wer hat welche Aufgaben im KVP?

Was passiert eigentlich, wenn der Mitarbeiter einen Gedanken auf die KVP-Karte schreibt? Um den Vorschlag zeitnah bearbeiten zu können, ist eine gut funktionierende KVP-Unterstützungsorganisation erforderlich. Der Mitarbeiter, der sich auf den KVP einlässt und einen Vorschlag oder ein Problem auf eine Karte notiert, hat die Erwartung, dass jetzt ein reibungsloser Ablauf einsetzt, an dessen Ende die ursprüngliche Idee umgesetzt und sichtbar wirksam etabliert ist. Hieran sind verschiedene Mitarbeiter und Rollenträger im Unternehmen beteiligt.

Der erste Ansprechpartner für den Mitarbeiter ist der ▶ KVP-Moderator. Diese Rolle übernehmen ausgewählte Mitarbeiter, die sich während ihrer Arbeitszeit etwa 2 bis 3 Stunden in der Woche mit dem Funktionieren des KVP-Ablaufes beschäftigen. Als Moderatoren werden dabei häufig erfahrene Mitarbeiter eingesetzt, die schon über Fähigkeiten im Anlernen und Einarbeiten von Kollegen oder im Arbeiten mit Gruppen verfügen. Zu den Aufgaben des KVP-Moderators gehört es beispielsweise, durch Rücksprache mit dem Kartenschreiber den beschriebenen Vorschlag so aufzubereiten, dass er für die vorgesetzte Führungskraft bearbeitungsfähig oder gar entscheidungsreif wird. Der KVP-Moderator achtet ebenfalls darauf, dass ausreichend Karten vorhanden sind und dass die KVP-Tafel entsprechend gepflegt wird. Durch eine ▶ Schulung für KVP-Moderatoren wird er in die Lage versetzt, die KVP-Einführung in seinem Bereich zu begleiten sowie die Fragen der Mitarbeiter rund um den KVP im Tagesgeschäft zu beantworten.

Die KVP-Moderatoren arbeiten dem ▶ KVP-Koordinator zu, der die Gesamtumsetzung des kontinuierlichen Verbesserungsprozesses betreut, die Moderatoren nach Bedarf einsetzt und für die Klärung bereichsübergreifender Themen herangezogen werden kann. Dazu nimmt er Kontakt zu den Fachabteilungen auf und sorgt für eine reibungslose Koordination mit anderen bereits laufenden Veränderungsprozessen im Unternehmen. Zudem evaluiert der KVP-Koordinator den Erfolgsverlauf des KVP anhand von ▶ Kennzahlen und plant und organisiert Ressourcen für den Gesamtprozess. Für diese Aufgabe ist der Koordinator freigestellt.

Der KVP-Koordinator bildet mit Vertretern der Geschäftsführung, des Betriebsrates und weiteren Führungskräften den Steuerungskreis. Temporär gehören auch der externe Berater oder einzelne KVP-Moderatoren dem ▶ Steuerungskreis an (Abbildung 4).

Dieses Gremium plant in der Projektphase die Einführung und Ausprägung des KVP im Unternehmen. Im Steuerungskreis wird die strategische Ausrichtung und Zielsetzung des Prozesses, die Auswahl der Beteiligten (z. B. der KVP-Moderatoren) sowie die Budgetierung definiert. Im laufenden KVP hingegen übernimmt der Steuerungskreis nur die anfallenden größeren Investitionsentschei-

Abb. 4: Rollen im KVP

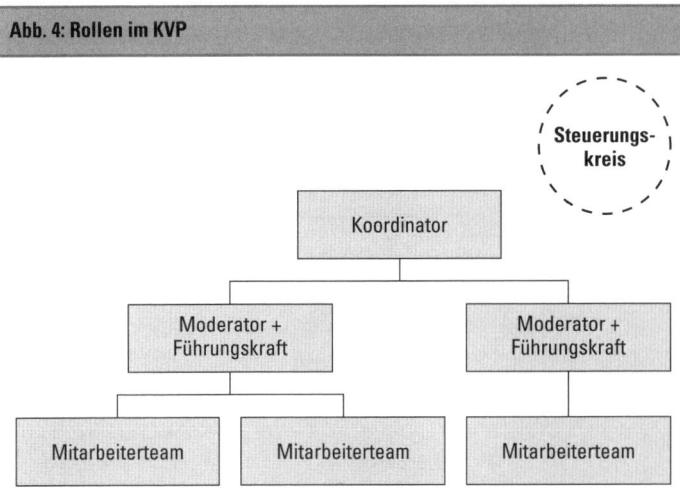

dungen. Es hat sich als sehr vorteilhaft für die Dynamik innerhalb
des KVP erwiesen, wenn die KVP-Moderatoren ein kleines Budget
(200 €) für die von ihnen betreuten Teams zur Verfügung haben. Der
KVP-Koordinator kann als nächsthöhere Instanz über einen Budge-
trahmen von 1000 € selbst entscheiden, und erst bei Überschreitung
dieser Summe werden die Investitionen dem Steuerungskreis zur
Entscheidung vorgelegt.

Ein entscheidendes Merkmal eines gut funktionierenden KVP ist
der gelebte ▶ Teamgedanke des KVP. Darunter versteht man vor
allem die gemeinsame Problembearbeitung vor Ort unter Berücksichtigung der Belange anderer Bereiche oder Arbeitsplätze innerhalb der Prozesskette. Denn eine Verbesserung, die in einem Bereich
sinnvoll ist, kann für die Folgeprozesse negative Auswirkungen
haben. Die ▶ Rolle des Mitarbeiters im KVP besteht zunächst in der
grundlegenden Bereitschaft, ein Problem schriftlich niederzulegen
und sich gemeinsam an der Lösungsfindung zu beteiligen. Hier bestehen oftmals die größten Vorbehalte, denn viele Mitarbeiter stellen
sich die Fragen: «War denn alles schlecht, was wir bisher gemacht
haben? Muss man denn Dinge verändern, die sich über Jahre hinweg
bewährt haben?» Kurzum: Die ▶ KVP-Philosophie trifft auf gelebte
▶ Unternehmenskultur mit all ihren Geschichten und Widersprüchen. Hier Veränderungen handstreichartig durchführen zu wollen,
kann schnell Widerstand bei den Beteiligten hervorrufen.

Abb. 5: Rollenmatrix		
	Steuerungskreis	**KVP-Koordinator**
Ist verantwortlich für …	… die Planung und personelle Besetzung des KVP	… die unternehmensweite Einführung und kontinuierliche Weiterentwicklung des KVP-Managementsystems
Einflussbereich	Unternehmensweit	… Agiert unternehmensweit und arbeitet im Auftrag des Steuerungskreises oder der Geschäftsführung
Aufgaben	■ KVP-Managementsystem beschreiben (Bausteine, Werkzeuge, Ziele, Formate, Kennzahlen) ■ KVP-Managementsystem mit dem bestehenden Managementsystem synchronisieren ■ Rollen definieren ■ Qualifizierung aller Beteiligten sicherstellen ■ KPV-Formate und Abläufe definieren ■ KVP-Standards setzen ■ KVP-Koordinator einsetzen ■ KVP-Projekte definieren und nachhalten ■ Mit KVP-Koordinator den KVP kontinuierlich weiterentwickeln	■ Die vom Steuerungskreis definierten Projekte umsetzen ■ Beratung des Steuerungskreises in allen Fachfragen bzgl. KVP ■ Koordiniert, synchronisiert unternehmensweit alle KVP-Aktivitäten und nutzt Synergien ■ Betreuung der Führungskräfte als Dienstleister (Experte und Coach) ■ Moderation von abteilungsübergreifenden Workshops ■ Umsetzung der beschlossenen Qualifizierungen im Kontext KVP ■ Koordinator aller KVP-Aktivitäten ■ KVP-Daten aus den Workshops zusammenfassen, auswerten, zur Verfügung stellen, berichten ■ KVP-Moderatoren in Abstimmung mit den Führungskräften einsetzen ■ Steuerungskreis für neue KVP-Themen sensibilisieren ■ Initiiert in Abstimmung mit dem Steuerungskreis KVP-Workshops und -projekte

Abb. 5: Rollenmatrix		
	KVP-Moderator	**Führungskraft**	**Mitarbeiter**
Ist verantwort-lich für …	… das Erreichen der vereinbarten KVP-Workshop-ziele	… die Umsetzung des KVP in ihrem Bereich	… die Umsetzung des KVP an seinem Arbeitsplatz
Einflussbereich	… Agiert abtei-lungsintern und wird vom KVP-Koordinator in Abstimmung mit der Führungs-kraft eingesetzt	Verantwortungs-bereich/Abteilung	Arbeitsplatz
Aufgaben	■ Ist Dienst-leister für Füh-rungskräfte und KVP-Ko-ordinator ■ Moderiert KVP-Work-shops ziel- und ergebnis-orientiert	■ Setzt KVP-Ziele mit Unterstützung von KVP-Koordi-nator und -Mode-ratoren um ■ Fördert einen lebendigen Mit-arbeiter-KVP ■ Sensibilisiert Mitarbeiter für den KVP ■ Unterstützt Mit-arbeiter bei Fra-gen zum KVP ■ Beteiligt Mit-arbeiter bei der Umsetzung von KVP-Zielen ■ Lebt den KVP und wirkt damit als Vorbild	■ Schreibt KVP-Vorschläge (wahr-genommene Pro-bleme, Verschwen-dung) und Ideen ■ Lebt die KVP-Stan-dards ■ Dokumentiert, er-kannte Schwach-stellen und be-seitigt diese wenn möglich selbst, bei Bedarf mit Unter-stützung ■ Bringt sich in KVP-Workshops aktiv ein ■ Reduziert kontinu-ierlich Verschwen-dung in seinem Arbeitsbereich

Frank Menzel **KVP und Kaizen** · **Überblick**

Neben den Moderatoren und dem Koordinator sind im KVP vor allem die Führungskräfte gefragt. Wie häufig in Veränderungsprozessen befinden sich die mittleren und unteren Führungskräfte in einer Schlüsselposition, da sie einerseits der Erwartungshaltung, die die Beteiligten an den KVP haben, gerecht werden müssen und andererseits auch die Kapazitäten für die Umsetzung im Tagesgeschäft bereitstellen müssen. Es geht für die Führungskräfte darum, Verantwortung an die Mitarbeiter und an Teams zu übertragen und diese bei ihrem Bemühen um Verbesserungen konsequent zu unterstützen. Das kann für die Führungskraft im Einzelfall bedeuten, dass sie grundlegend umdenken und ihr Alltagshandeln sowie ihren Führungsstil neu ausrichten muss. Das Delegieren von Entscheidungen an eine Gruppe ist eine ungewohnte Aufgabe, denn oftmals ist das Loslassen schwieriger als das Zupacken. Konsequent angewendet bedeutet ein KVP einen Übergang zu teamorientierter Arbeitsweise, was von einigen Führungskräften als Entmachtung erlebt wird und in der Praxis zu Aussagen führt wie: «Ihr könnt besprechen und beschließen, was ihr wollt – am Ende entscheide ich!», «Na, macht ihr wieder Kaffeekränzchen?» oder «Ihr seid nicht zum Quatschen, sondern zum Arbeiten hier!». Die Sprache ist dabei nach unserer Erfahrung häufig der Punkt, in dem sich erfolgreiche von weniger erfolgreichen Führungskräften unterscheiden. Die Kommunikation zu den Mitarbeitern und die Vorbildfunktion durch das eigene Handeln sind die entscheidenden Schlüsselfaktoren. Einzelne abfällige, ironische oder sarkastische Bemerkungen können dazu führen, dass der KVP entwertet wird. Offen zur Schau getragene Zweifel an der Kompetenz der Mitarbeiter, an der Problemlösung mitzuarbeiten oder überhaupt Probleme zu erkennen zu können, lassen bei den so abqualifizierten Mitarbeitern schnell jede Lust an der Veränderung vergehen.

Sobald einzelne Führungskräfte personell als «Schwachstellen» im KVP ausgemacht sind, dienen sie den kritischen Mitarbeiten als Türöffner und gutes Argument, um den Prozess zu verlassen. Das gilt ebenso für Führungskräfte, die mit ihrem Verhalten den KVP passiv, oft auf einer unterschwelligen Ebene ablehnen. Vordergründig stehen die Lippenbekenntnisse und Versprechungen; wenn es dann aber darauf ankommt, Tagesgeschäft und KVP unter einen Hut zu bringen, dem Prozess Zeit einzuräumen oder Entscheidungen zu treffen, ist gerade jetzt der Kundenauftrag wichtiger, muss die Ausbringung erhöht oder eine Notfallsituation bewältigt werden. Dies führt auf Dauer dazu, dass der KVP vom Tagesgeschäft verdrängt wird. KVP-Sitzungen finden nicht statt, die Umsetzung steht nur auf dem Papier, der KVP wird nicht gelebt und verkümmert zum formalen Akt.

Die Implementierung des KVP stellt demnach für die Führungskraft eine echte Herausforderung dar. Aber es ist auf der anderen Seite auch eine Möglichkeit, seinen eigenen Gestaltungsspielraum als Führungskraft zu erweitern, indem man Mitarbeiterqualifikationen aufbaut, um Aufgaben delegieren zu können. Das Weiterentwickeln und Gestalten der Arbeitsprozesse bleibt unverändert ein Bestandteil der Führung. Nur besteht jetzt die Möglichkeit, die vielen Kleinigkeiten, die im Alltag stören, durch den KVP einer Problemlösung zuzuführen, denn natürlich kann sich auch die Führungskraft mit Vorschlägen und Problembeschreibungen am KVP beteiligen. Typische Beispiele hierfür sind Dauerbrenner wie

- zu späte Information für die Bestellung von Verbrauchsmaterialien,
- überquellende Sammelbehälter (z.B. für Müll, Schrott, Späne Ausschuss),
- Urlaubsregelungen und Urlaubsplanung,
- Ordnung und Sauberkeit an allen Stellen, die nicht direkt einem Mitarbeiter als Arbeitsplatz zugeordnet sind, wie beispielsweise im Magazin oder im Umkleideraum.

Diese Themen, bei denen die Führungskräfte in der Praxis häufig berichten, dass sie sich «den Mund fusselig reden», können ohne weiteres als KVP-Vorschläge zur Lösung an die Gruppe delegiert werden. Allerdings gibt es natürlich auch Grenzen. So ist es beispielsweise die ▶ Rolle des Betriebsrates, darauf zu achten, dass Mitarbeiter sich durch den KVP in ihrer Arbeit nicht verschlechtern oder zusätzliche Arbeitsinhalte ohne entsprechende Vergütung übernehmen (müssen). Der Betriebsrat sollte möglichst frühzeitig aktiv mit eingebunden werden. Er legt die Bedingungen des Einsatzes des KVP mit der Unternehmensleitung fest und fixiert sie gegebenenfalls im Rahmen einer Betriebsvereinbarung. So sollte beispielsweise schriftlich definiert werden, dass die auftretenden Rationalisierungseffekte aufgrund des KVP keinen Personalabbau zur Folge haben dürfen. Weiter muss geklärt sein, ob der durch den KVP erzielte Produktivitätsgewinn durch die Verbesserungen, die die Gruppen erarbeiten, nur dem Unternehmen zugutekommt oder ob der einzelne Mitarbeiter, oder Gruppen von Mitarbeitern, direkt davon profitieren.

1.3 ____ Wie wird ein KVP aufgebaut?

Zunächst ist es wichtig, eine klare Vorstellung darüber zu bekommen, was mit der Einführung eines KVP erreicht werden soll. Die Zielsetzung entscheidet über das weitere Vorgehen im Hinblick auf die Einführungsstrategie und die Planung der ▶ benötigten Ressourcen. Um den KVP nicht mit unrealistischen Erwartungen zu überfrachten, sollten nicht nur die potenziellen Ziele, sondern auch der nötige Aufwand, sie zu erreichen, beachtet werden. Weiter ist es wichtig, die Grenzen des KVP im Unternehmen zu definieren, zum Beispiel wenn es um bauliche Veränderungen der Maschinen geht oder das Hallenlayout geändert werden soll. Hier ist es wichtig, von Anfang an zu wissen, welche Dinge im Rahmen des KVP geändert werden dürfen und welche nicht.

In einem Unternehmen, das eine tiefgreifende Umstrukturierung hinter sich hatte, fühlten sich viele Mitarbeiter von den Veränderungen überfordert. Sie bezeichneten sich gar als «Restrukturierungsopfer». Die Geschäftsführung beschloss daraufhin, einen KVP einzuführen, um den Mitarbeitern Gestaltungsspielraum bei der Anpassung der Veränderung für ihren persönlichen Arbeitsalltag zu geben. Leider wurde nur auf die Möglichkeiten des KVP, nicht aber auf dessen Grenzen und Restriktionen hingewiesen, und so hatten die eingehenden KVP-Vorschläge fast ausnahmslos die Rücknahme der Restrukturierungsmaßnahmen zum Inhalt.

Der erste Schritt der strategischen Führung besteht darin, ein Bild zu entwickeln, das den zukünftigen Zustand beschreibt. Es geht also darum, eine Vision zu entwickeln und dann daraus Ziele abzuleiten. Um einem Veränderungsprozess eine Richtung zu geben, ist eine Vorstellung darüber erforderlich, was man mit dem Veränderungsprozess erreichen will. Die Vision ist eine übergeordnete Vorstellung, deren wichtigste Eigenschaft darin besteht, hinreichend attraktiv und faszinierend zu sein, um andere Menschen dafür zu begeistern. Durch die Vision wird ein Bild vom angestrebten Zustand mit allen seinen Vorteilen gezeichnet. Weckt dieses Bild bei den beteiligten Mitarbeitern Interesse, so wird aus der Vision eine Strategie entwickelt, aus der dann konkrete Ziele abgeleitet werden, um die Vision zu verwirklichen.

Der entscheidende Schritt zu einer erfolgreichen Umsetzung besteht in der richtigen Formulierung der ▶ Zielsetzung im KVP. So trivial dies klingen mag – es gibt einen wesentlichen Unterschied zwischen erfolgreichen und erfolglosen Projekten: Erfolgreiche Projekte erreichen ihre Ziele. Nicht etwa weil die beteiligten Menschen besser oder klüger sind, sondern weil sie in der Lage sind, ihre Ziele so zu stecken, dass sie erreicht werden können, und sich durch den Erfolg die Motivation holen, sich weitere Ziele zu stecken, die sie erreichen können.

Sobald die strategische Zielsetzung transparent ist, kann mit dem Herunterbrechen der Ziele auf Bereichsebene begonnen werden, sodass für jeden Bereich ein transparentes Bild dessen entsteht, was erwartet wird, welche Ressourcen benötigt werden und wie die konkreten Rahmenbedingungen für den KVP in dem betreffenden Bereich gestaltet werden müssen. Dazu gehört selbstverständlich auch der Blick über den Tellerrand. Um den KVP optimal nutzen zu können, ist die Unterstützung anderer Fachabteilungen notwendig. Schnell wird die Gruppe in der Beratung oder Umsetzung von KVP-Maßnahmen feststellen, dass sie vor Entscheidungen steht, die ihre eigene Kompetenz überschreiten und das Hinzuziehen anderer Abteilungen notwendig macht. Dies betrifft sowohl die Instandhaltung mit Schlossern und Elektrikern, die Hilfestellung bei der Umsetzung von Verbesserungen geben oder sie abnehmen, als auch die Konstruktion, der Betriebsmittelbau und die Ausbildungswerkstatt, die Vorrichtungen vorbereiten und konstruieren, und schließlich die IT-Abteilung zur Erstellung und Freigabe von Laufwerksordnern sowie das Industrial Engineering zum Beispiel bei der Änderung der Betriebsdatenerfassung oder bei Änderungen an Arbeitsplätzen. Alle Bereiche müssen dabei über die Ziele des KVP und die laufenden Aktivitäten informiert sein und einen Teil ihrer Ressourcen zeitnah zur Verfügung stellen können. In der Praxis hat sich das oftmals als eine «Sollbruchstelle» im KVP herausgestellt. Die Verbesserungen, die von den Mitarbeitern definiert wurden, blieben im Geflecht der Organisation hängen. Eine andere Kostenstelle, andere Verantwortliche, vielleicht sogar andere Arbeitszeiten beendeten die Karriere einer Verbesserungsidee abrupt.

Die Bewertung von Veränderung entsteht immer in den Köpfen der beteiligten Menschen, selbst Prozesse, die formal ihre Ziele erreichen, können durch einzelne Mitarbeiter schlechtgeredet werden, sofern man sie nicht durch andere Informationen widerlegt. Information verteilen statt sie zu filtern, ist das also Motto. Es ist daher von besonderer Wichtigkeit, Informationen über den KVP zu verbreiten und offen zu kommunizieren. Schaffen Sie Transparenz über Ziele, das konkrete Vorgehen und die bereits erzielten Erfolge. Gerade in der Anfangszeit der KVP-Einführung werden viele Fragen oder Probleme auftauchen. Hinzu kommt, dass einzelne Mitarbeiter stets versuchen werden, die neue Freiheit auf ihre Grenzen, die Protagonisten auf ihr verbindliches Engagement und den Prozess auf Widersprüche hin zu prüfen. Mit bereichsübergreifenden Aktivitäten, in denen auch die Geschäftsleitung durch ihre aktive Teilnahme die Bedeutung des KVP hervorhebt, kann man diesen Gefahren entgegentreten.

Die ▶ Informationsstrategie zur Einführung des KVP sollte also alle Unternehmensbereiche umfassen. Üblicherweise wird die Information zunächst in kleinen, eher allgemein gehaltenen Blöcken, zum Beispiel als Artikel in der Mitarbeiterzeitung, gegeben. Mit dem näherrückenden Beginn der Einführung verkürzt sich der Abstand zwischen den einzelnen Informationen, und ihr Detaillierungsgrad steigt. Dabei werden alle dem Unternehmen zur Verfügung stehenden Informationskanäle genutzt. Ziel der Informationsstrategie zur Einführung ist es, einerseits Neugierde bei den Mitarbeitern zu wecken, andererseits aber auch Ängste, Vorurteile und Hemmschwellen abzubauen. Insgesamt ist eine gut geplante Informationsstrategie ein wichtiges Instrument zur Vorbereitung eines KVP, da sie dem Mitarbeiter das Gefühl vermittelt, an der Entwicklung beteiligt zu sein.

Eine zentrale Information bei der Einführung des KVP betrifft die Visualisierung des Ablaufes. Für den Einstiegserfolg des KVP ist ein nachvollziehbarer, für die Mitarbeiter verständlicher Ablauf wichtig.

Abbildung 6 zeigt das Vorgehen im KVP. Ein Großteil der KVP-Vorschläge kann sofort umgesetzt werden. Die verbleibenden Vorschläge werden im Team weiterbearbeitet. Dort, wo der eigene Kompetenzbereich überschritten wird, werden Fachabteilungen zur Problemlösung herangezogen. Schließlich gibt es auch Probleme, die nicht gelöst werden können. Hierfür formulieren Führungskraft und KVP-Moderator eine nachvollziehbar begründete Ablehnung. Es versteht sich von selbst, dass diese Ablehnung individuell verfasst und nicht durch Textbausteine erzeugt sein muss. Aber auch für den Fall der begründeten Ablehnung ist die Karriere der Idee noch nicht zu Ende. Gelegentlich ist die Zeit nämlich einfach noch nicht reif für eine Idee. In dem Bewusstsein, dass sich das ändern kann, werden auch alle abgelehnten Ideen dokumentiert und gelegentlich per Wiedervorlage überprüft.

Für den Mitarbeiter stellt sich im Arbeitsalltag immer auch die Gretchenfrage: «Wieso soll ich da mitmachen, was habe ich eigent-

Abb. 6: KVP-Ablauf

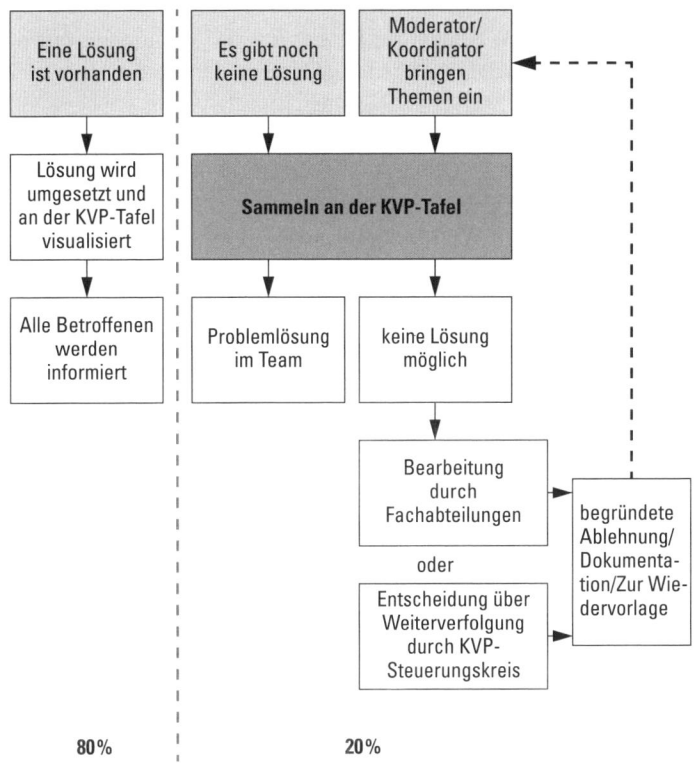

«Der Mitarbeiter erkennt ein Problem und notiert es»

lich davon, wenn ich einen Vorschlag mache?» (▶ Motivation zur Teilnahme) Natürlich liegt der Nutzen zunächst in der Verbesserung der eigenen Arbeitssituation, allerdings schwingt bei dieser Fragestellung auch häufig unterschwellig mit, ob von dem finanziellen Effekt, den die Firma von einem Vorschlag möglicherweise hat, nicht auch noch ein bisschen für den Einreicher des Vorschlags abfallen könnte …

Damit sind wir bei einer spannenden Fragestellung im Rahmen der Planung des KVP: Reicht es eigentlich, wenn die Mitarbeiter sich beteiligen können, oder muss man die Beteiligung belohnen? Streng genommen kann man den Standpunkt einnehmen, dass die Verbesserung der eigenen Arbeitsleistung und Arbeitsqualität wie auch die Vermeidung von Verlusten durch die Entlohnung und die

Sicherheit des Arbeitsplatzes hinreichend abgegolten ist. Andererseits: Wenn die Firma durch die Verbesserungen deutliche Einsparungen erzielt, wäre es dann nicht nur recht und billig, die Mitarbeiter auch finanziell zu beteiligen?

Das naheliegende Prinzip zur Beteiligung der Mitarbeiter scheint zunächst in der Gewährung von ▶ Geld- oder Sachprämien zu bestehen. Beteiligt man beispielsweise einen Mitarbeiter an den erzielten Einsparungen, kann das im Einzelfall zu bedeutenden Ausschüttungen führen. Allerdings stellt sich hier schnell die Frage, wer die Effekte auf welcher Basis berechnet. Es besteht die reale Gefahr, dass in dem eigentlich einfach gehaltenen KVP plötzlich Gremien und Kommissionen gebildet werden müssen, die sich mit der Bewertung und Beurteilung von Vorschlägen beschäftigen. Zudem ergibt sich mit dem Gewähren von Geldprämien auch eine mögliche Überschneidung mit dem betrieblichen Vorschlagswesen, und die Gefahr des Ideendiebstahls schließlich kann den ▶ Teamgedanken des KVP zunichtemachen. Einfacher ist hier die Anerkennung über Sachprämien wie Gutscheine oder Sammelpunkte, die einen gewissen Gegenwert darstellen, zum Beispiel 3 €, und die gegen Sachprämien getauscht, aber nicht bar ausgeschüttet werden können. Letztlich ist aber auch hier ein organisatorischer Aufwand nötig: für das Erstellen fälschungssicherer Sammelpunkte, deren Ausgabe und die Einlösung in Sachprämien. Ein interessantes Modell zur Handhabung dieser Organisation ist in größeren Unternehmen das Konzept der Juniorfirma. Hier leiten kaufmännische Auszubildende eigenständig Einkauf und Ausgabe von Sachprämien und verwalten darüber hinaus das Werbemittelsortiment der Firma. Eine andere Möglichkeit, die den Teamgedanken noch weiter betont, ist das buchhalterische Sammeln der Werte auf dem Gruppenkonto, aus dem die Gruppenmitglieder dann wiederum ein frei verfügbares Budget für Veränderungen beziehen. Über die Einführung eines Prämiensystems kann durchaus auch nach den ersten Erfahrungen aus den ▶ Pilotbereichen entschieden werden. Sofern man sich für Geld- oder Sachprämien entscheidet, sollten diese dann allerdings auch für die bereits eingebrachten Vorschläge rückwirkend vergütet werden.

Wer diesen Aufwand nicht betreiben will, kann sich für das Prinzip ▶ Wertschätzung und Anerkennung entscheiden. Diese Idee zielt darauf ab, dass das Erkennen der Sinnhaftigkeit einer Aufgabe eines der stärksten Motive ist, sich mit einer Aufgabe zu befassen oder eine Herausforderung anzunehmen. Sobald ich weiß, wozu ich etwas tue, welche positiven Auswirkungen und Konsequenzen mein Handeln hat, bin ich auch bereit, mich einzubringen, Verantwortung zu übernehmen und selbständig zu handeln. Der unmittelbare persönliche Nutzen und die Möglichkeit, die eigenen Ideen einzubringen, stellen unserer Erfahrung nach für viele Mitarbeiter einen weit größeren Handlungsanreiz dar, als allgemein vermutet. Einige Mitarbeiter schlagen diesen Weg von sich aus ein – sofern sie gelassen werden. Für die anderen Mitarbeiter können förderliche Rahmenbedingungen gestaltet werden. Die soziale Anerkennung im Sinne einer Lobkultur, das Gewähren von Eigenverantwortung und Erweitern von eigenem Ermessens- und Entscheidungsspielraum sind hier sinnvolle Schritte. Ein regelmäßiges, offenes Feedback für die Leistungen oder Teamauszeichnungen wie die öffentliche Belobigung für besonders gute KVP-Umsetzungen oder ein gemeinsames Pizzaessen für die Beteiligten sind Zeichen der Anerkennung für die Mitarbeiter.

Im ▶ Kaizen, der japanischen Variante des KVP, gibt es noch einen weiteren Aspekt der Prämierung, nämlich die beste Anwendung des Prinzips oder Grundgedankens des Kaizen. Hierzu gibt es eine jährliche Verleihung von Medaillen, die nicht nach den Einspareffekten schaut, sondern besonders originelle Umsetzungen und die vorbildliche Anwendung des Kaizen-Gedankens in einem öffentlichen Zeremoniell prämiert.

Der KVP hat gelegentlich ein Legitimationsproblem: Da es sich um viele kleine Verbesserungen handelt, sind die Auswirkungen für Außenstehende oftmals gar nicht eindeutig wahrnehmbar. So wird im laufenden Prozess zwangsläufig irgendwann die Frage auftauchen: Was hat der KVP denn bisher gebracht? Um diese Frage schlüssig beantworten zu können, ist es notwendig, sich frühzeitig

Das Team der Teeküche beobachtet, dass in der Kantine immer dieselben Mitarbeiter an denselben Tischen sitzen. Zudem fällt ihnen auf, dass aus den Teekannen, die sie zur Pause auf die Tische stellen, unterschiedlich viel getrunken wird. An manchen Tischen ist die Kanne nach der Pause fast leer, an anderen Tischen noch fast voll. Das Team beschließt, regelmäßig den Teekonsum pro Tisch zu dokumentieren, und füllt nach einiger Zeit nur noch so viel Tee in die Kannen, wie auch tatsächlich getrunken wird. Die tatsächliche Einsparung ist vergleichsweise gering, die Anwendung des Kaizen-Prinzips hingegen vorbildlich realisiert. Das Team bekam dafür die Goldmedaille.

nach Imai 2005 (verkürzt)

über die Messgrößen für den Erfolg und die Qualität des KVP Gedanken zu machen. Neben der beispielhaften Dokumentation einzelner umgesetzter KVP-Vorschläge sollte auch ein quantifizierbarer, nachvollziehbarer Nutzen ausgewiesen werden können. Über ▶ Kennzahlen, die den Erfolg des KVP abbilden, gelingt dies in der Regel gut. Dabei ist allerdings darauf zu achten, dass die Kennzahlen auch wirklich eindeutig nur durch den KVP beeinflusst werden. Allgemeine Effekte, wie die Verbesserung der Qualität, hängen von vielen Faktoren ab, und die Gefahr, sich hier angreifbar zu machen, ist groß. Andererseits gibt es auch Effekte im KVP, die nicht eindeutig finanziell messbar sind. Hier hat sich die Einführung qualitativer Kategorien wie zum Beispiel Kundennutzen oder Arbeitserleichterung als hilfreich erwiesen, um auch den Nutzen dieser Vorschläge benennen zu können.

Die unterschiedlichen Informationen aus Dokumentation, Kennzahlenerfassung und -auswertung sowie aus dem laufenden Reporting des KVP lassen schnell den Gedanken an eine ▶ KVP-Software aufkommen, die alle diese Funktionen unterstützen kann. In der Praxis ist uns dabei häufig die Gefahr begegnet, dass die Entscheidung für eine Softwarelösung zu früh getroffen wurde und man später mit den Einschränkungen des Programmes leben musste, oder schlimmer noch, der gesamte KVP an die Möglichkeiten der Software angepasst wurde. Grundsätzlich sollte erst nach den Erfahrungen aus dem ▶ Pilotbereich über den Kauf einer Software entschieden werden, wobei sich zu diesem Zeitpunkt häufig schon die Erkenntnis im Unternehmen durchgesetzt hat, dass eine eigene einfache Lösung mit einer Tabellenkalkulation oder einer Datenbank die bessere Variante für alle Beteiligten ist.

2 ___ Den KVP anwenden

2.1 ___ Wie wird der KVP ins Unternehmen eingeführt?

Während der laufende KVP als Prozess ohne definiertes Ende kontinuierlich fortgesetzt wird, kann die Einführung eines KVP als Projekt gesehen und mit den traditionellen Mitteln des Projektmanagements gesteuert werden. Es geht also darum, neben der Budgetierung einen ▶ Projektplan zur Einführung zu erstellen, der auf einer Zeitleiste aufgebaut eine Orientierung darüber gibt, wann welche Prozessschritte in der KVP-Einführung erfolgen sollen und wer daran beteiligt ist.

Vor der Einführung sollte die folgende Checkliste im Steuerungskreis einvernehmlich geklärt sein:

1. Die Rahmenbedingungen für den Prozess (zeitlicher Aufwand, Budget, beteiligte Mitarbeiter/Bereiche) sind verbindlich geklärt.
2. Das Vorgehen ist konkret und für die Mitarbeiter verständlich beschrieben.
3. Die Ziele und Restriktionen des KVP sind für die Mitarbeiter klar definiert und visualisiert.
4. Der Betriebsrat ist beteiligt und steht hinter dem Prozess. Es gibt gegebenenfalls eine Betriebsvereinbarung zum KVP.
5. Alle Mitarbeiter sind aufgefordert, sich zu beteiligen.
6. Die Mitarbeiter wissen, auf welchem Weg sie sich am KVP beteiligen können und was geschieht, wenn sie einen KVP-Vorschlag abgeben (der Ablauf ist visualisiert).
7. Die Mittel und Ressourcen für eine schnelle Umsetzung erster Schritte stehen bereit.
8. Prozessverantwortliche sind den Mitarbeitern namentlich bekannt und stehen als Ansprechpartner zur Verfügung.
9. Es ist jedem Mitarbeiter bekannt, wo und wie aktuelle Informationen über den kontinuierlichen Verbesserungsprozess visualisiert werden.
10. Die Termine für die regelmäßige Reflexion (Review) über den Prozess mit den Beteiligten stehen fest.
11. Ein passender Pilotbereich ist ausgewählt.
12. Es gibt eine terminierte Start- oder Kick-off-Veranstaltung zum Veränderungsprozess mit der Werksleitung, Führungskräften und Mitarbeitern.

13. Für die Qualität des methodischen Vorgehens ist gesorgt, Qualitätskriterien und Kennzahlen sind definiert.
14. Die Protagonisten des KVP wie Moderatoren und Koordinator sind ausreichend qualifiziert und fühlen sich in der Lage, mit dem Prozess zu beginnen.

Sind die obenstehenden Voraussetzungen erfüllt, gilt es, den ausgewählten ▶ Pilotbereich auf die Einführung vorzubereiten. Eine gute Möglichkeit hierzu sind die Frequently Asked Questions (▶ FAQ), zu Deutsch die häufig gestellten Fragen, die, offen ausgehängt, schon mal die wichtigsten Fragen der Mitarbeiter zum KVP beantworten. Dieser Frage- und Antwortkatalog wird vom Steuerungskreis vorbereitet und auch im laufenden Prozess kontinuierlich fortgeführt. Den offiziellen KVP-Auftakt für einen Bereich stellt dann die ▶ Kick-off-Veranstaltung dar. Im Rahmen dieser Veranstaltung wird das KVP-Konzept vorgestellt und die offenen Fragen der Mitarbeiter werden diskutiert. Es muss im Rahmen des Kick-offs besonders darauf geachtet werden, die psychologische Schwelle zur Beteiligung zu überschreiten. Man erreicht dies, indem man den beteiligten Mitarbeitern die ▶ KVP-Karten in die Hand drückt und unabhängig davon, ob es schon konkrete Vorschläge gibt oder nicht, die Karten ausfüllt und an die ▶ KVP-Tafel hängt und so den konkreten Ablauf durchspielt.

Sehr positiv wirkt sich auch ein angeschlossener Kurzworkshop aus, in dem die Mitarbeiter direkt in die ersten Aktivitäten der Umsetzung eingebunden werden. Als begleitendes Grundkonzept hat sich hierbei die Theorie von Wertschöpfung und Verschwendung erwiesen, an das die Vorstellung der ▶ sieben Arten der Verschwendung anschließt. Üblicherweise fällt es den Mitarbeitern in der Folge leicht, Beispiele von Verschwendung in ihrem eigenen Arbeitsbereich zu finden. Noch konkreter wird es bei der Durchführung der ▶ Rote-Karte-Aktion, für die allerdings ein Grundverständnis von Wertschöpfung und Verschwendung die Voraussetzung ist. Dabei gehen die Mitarbeiter allein oder in Teams durch einen Bereich und markieren mit roten Karten entdeckte Verschwendungen und definieren das weitere Vorgehen. Natürlich müssen alle Mitarbeiter des betroffenen Bereiches vorab über die Maßnahmen informiert sein, und es darf dabei nicht zu Schuldzuweisungen kommen. Durch die Rote-Karte-Aktion gelingt es normalerweise, schon im Rahmen der Auftaktveranstaltung eine ansehnliche Anzahl von KVP-Vorschlägen zu generieren. Üblicherweise sind diese Vorschläge auch von ihrer Beschaffenheit so konkret, dass sie kurzfristig umgesetzt werden können.

Nach der Einführung des KVP im Pilotbereich sollte man sich mit 2 bis 4 Wochen Abstand die Zeit nehmen, den Prozess kritisch zu überprüfen. Im Rahmen des ▶ KVP-Reviews werden sowohl die Einführung selbst als auch die Passung der grundlegenden Rahmenbedingungen hinterfragt. Anpassungen des KVP sind infolge des Reviews gelegentlich zum Beispiel bei der Informationsstrategie sowie der Infrastruktur (Karte, Tafel) vonnöten. Weiter können nach dem Review im Pilotbereich die notwendigen Ergänzungen für den Gesamtprozess, wie die Entscheidung über eine Prämierung oder die Notwendigkeit der Anschaffung einer KVP-Software, vorgenommen werden.

Bei der Vorstellung des KVP-Konzeptes im Rahmen einer Einführung passiert es häufig, dass die Mitarbeiter sagen: «Das machen wir doch längst!» Und tatsächlich wird in vielen Unternehmen ein «intuitiver KVP» durchgeführt. Besonders engagierte oder ideenreiche Mitarbeiter verstehen es, sich die Arbeit einfach zu machen, indem sie beispielsweise ihre Werkzeuge anpassen, um besser arbeiten zu können, oder indem sie sich Checklisten, Zeichnungen oder Bilder machen, um bei der Arbeit nichts zu übersehen. Diese Kultur der individuellen Verbesserungen auf eine breite Basis zu stellen, ist das Ziel bei der Einführung eines KVP. Je mehr Mitarbeiter schon so arbeiten, umso einfacher wird die Einführung. So gesehen können gleich zu Beginn die Weichen für einen erfolgreichen KVP gestellt werden, indem man anhand konkreter Beispiele die Zielsetzung der Verbesserung der eigenen Arbeitssituation illustriert.

Eine hohe ▶ Beteiligung der Mitarbeiter ist die Voraussetzung für einen erfolgreichen KVP. Daher muss immer darauf geachtet werden, die Einstiegsschwelle für die Beteiligten so niedrig wie möglich zu halten und alles zu unterlassen, was sich im Hinblick auf die ▶ Motivation zur Teilnahme als kontraproduktiv erweist. Dazu zählen alle, auch scherzhaft gemeinte Äußerungen, die den KVP in irgendeiner Form abwerten.

Allerdings: Es wird immer Mitarbeiter geben, die, aus welchen Gründen auch immer, partout nicht am KVP teilnehmen wollen, und man sollte ihnen das letztlich auch zugestehen, sofern man die eigenen Möglichkeiten der Einflussnahme ausgeschöpft hat. Die Veränderungen, Maßnahmen und Standards allerdings, die ihre Kollegen erarbeiten, gelten auch für sie. Während das ▶ Desinteresse einiger Mitarbeiter noch halbwegs akzeptabel erscheint, sofern viele andere sich beteiligen, ist der ▶ Widerstand gegen den KVP schon ein ernstzunehmendes Problem. Die Gefahr, dass sich der Widerstand gegen den Prozess auf andere Mitarbeiter überträgt, ist durchaus gegeben. Hier ist es notwendig, in einen offenen Dialog über die Gründe für den Widerstand einzutreten. Häufig stellt sich dabei heraus, dass fehlende Information oder Probleme an anderer Stelle, etwa eine subjektiv wahrgenommene ungerechte Behandlung, die Ursache für das Verhalten des jeweiligen Mitarbeiters sind.

Das Thema gerechte Behandlung von Ideen und Personen spielt für die Mitarbeiter eine große Rolle, auch wenn dies zumeist nur unterschwellig sichtbar ist. Sobald sich das Gefühl breit macht, dass jemand anderes als der Urheber für Ideen gelobt wird oder sich Mitarbeiter mit fremden Federn schmücken, tritt eine ▶ Gruppendynamik zutage, die dem ganzen KVP schaden kann. Die wahrgenommene Ungerechtigkeit wird dabei häufig gar nicht thematisiert, sondern der Betroffene versucht bei der nächsten Gelegenheit, es seinem Gegenspieler heimzuzahlen. In der Folge können massive Konflikte auftreten, deren Ursache für das Umfeld häufig rätselhaft erscheint. Ähnlich schwierig ist das Verhalten der Mitarbeiter, die statt in die Konfrontation lieber in die innere Emigration gehen und sich geistig aus dem KVP verabschieden. Diese sogenannten kalten Konflikte sind oftmals viel schwieriger zu lösen als ein offen ausgetragener Streit.

Sobald sich die Gruppe an die Möglichkeiten, die KVP bietet, gewöhnt hat und die erste Welle der KVP-Vorschläge abgearbeitet ist, kann man überlegen, ob man die Bearbeitung komplexerer Probleme nicht auch in die Hände der Gruppe legt. Das Konzept des ▶ Stundenworkshops bietet hierzu einen geeigneten Rahmen. Vorbereitend ist es allerdings unerlässlich, die Teilnehmer mit der dafür notwendigen Qualifikation auszustatten. Das beinhaltet zum einen die methodische Grundschulung des KVP-Moderators und zum anderen die Vereinbarung von Gruppenregeln für die Mitarbeiter. Der definierte Rahmen des Stundenworkshops soll es der Gruppe ermöglichen, innerhalb einer Stunde ein Problem so zu bearbeiten, dass es umsetzungsreif ist. Die Umsetzung erfolgt dann unter Berücksichtigung des ▶ PDCA-Zyklus, der die einzelnen Phasen, die die Umsetzung zu durchlaufen hat, definiert. Die zunächst gelegentlich ungewohnte, aber sehr hilfreiche Vorgehensweise Planen (plan), Tun (do), Überprüfen (check), Umsetzen (act) ist ein bewährter, systematischer Standard zur Problemlösung.

2.2 _____ Wie wird ein KVP zu einem nachhaltigen Erfolg?

Kaum ein Unternehmen scheitert bei der Einführung eines KVP. Im Gegenteil – hier kann man oft eindrucksvolle Präsentationen und bemerkenswerte Anfangserfolge bestaunen. In einigen Firmen überlebt der KVP jedoch das zweite Jahr nicht. Die Hoffnung, mit dem KVP einen «Selbstläufer» im Unternehmen zu haben, erweist sich als Trugschluss. Physikalisch gesehen funktionieren Selbstläufer nämlich nur, wenn es immer bergab geht …

Und so schlägt man sich noch eine Zeitlang mit dem ▶ eingeschlafenen KVP herum und hofft schließlich, dass er allgemein in Vergessenheit gerate wie seine Vorgänger. «Das ist bei uns immer so», sagen dann die Mitarbeiter. «Da wird mit viel Geld und Tamtam etwas eingeführt, und ein Jahr später kräht kein Hahn mehr danach.» Führungskräfte resümieren dann etwas feinsinniger, dass sich die oft zitierte Nachhaltigkeit einfach nicht eingestellt habe, was letztlich nichts anderes bedeutet, als dass die ursprüngliche Situation, ohne KVP, sich als nachhaltiger erwiesen hat. Und woran lag es nun tatsächlich? Vielleicht gab es hinter den Hochglanzpräsentationen doch nicht die erhofften handfesten Erfolge, vielleicht hatte niemand mehr Lust, den nötigen Aufwand zu betreiben, vielleicht ist es einfach nur bequemer, zu Nörgeln, als Dinge zu ändern … – womit wir wieder beim Anfangsgedanken wären, der uns dazu gebracht hat, uns mit dem KVP zu beschäftigen.

Es ist vergleichsweise einfach, einen eingeführten KVP in einem Unternehmen fortzusetzen, sofern alles stabil läuft. Der Umgang mit ▶ Problemen im KVP hingegen sagt viel über die Unternehmenskultur aus. Nicht immer können alle Rahmenbedingungen für den KVP stabil gehalten werden. Gelegentlich ändern sich Marktsituationen oder zentrale Protagonisten des KVP verlassen das Unternehmen. In diesen Situationen zeigt sich, ob das Unternehmen genügend Kreativität und Wandlungsfähigkeit besitzt, um mit diesen Störgrößen umzugehen. Wer es nicht schafft, lässt seinen KVP ein schlafen – oder sterben.

Ein Blick auf Unternehmen, die seit vielen Jahren einen erfolgreichen KVP praktizieren, macht die Unterschiede deutlich: In diesen Unternehmen gibt es Treiber, das sind Menschen, die sich den KVP-Gedanken auf die Fahne geschrieben haben, die ihn selber vorleben und denen es gelingt, den KVP-Gedanken immer wieder ins Gespräch zu bringen. Weiter gibt es einen strategischen Fahrplan, der sämtliche laufenden Veränderungsprozesse im Unternehmen immer wieder mit dem KVP verzahnt, also den Mitarbeitern über den KVP die Möglichkeit gibt, die Feinjustierung der Veränderungen für ihren Arbeitsplatz mitzugestalten. Die ▶ Motivation zur Teilnahme wird bei vielen Mitarbeitern durch den laufenden Prozess geweckt – der Appetit kommt eben erst beim Essen. Sobald der KVP glaubwürdig ist und sein Versprechen einhält und tatsächlich schnell, transparent und nachvollziehbar Veränderungen auf den Weg bringt, nutzen die Mitarbeiter ihn als Werkzeug, um für sich Verbesserungen im Arbeitsalltag zu generieren. Die ▶ prozessbegleitende Information ist daher von großer Wichtigkeit, um Veränderungen immer wieder für alle Beteiligten sichtbar zu machen und ein aktives Ideenmarketing zu betreiben.

Nicht zu unterschätzen ist dabei auch der Stolz der Mitarbeiter auf die Umsetzungen, wenn sie es beispielsweise mit Bild in die Mitarbeiterzeitung schaffen oder der Geschäftsführer den Beteiligten persönlich seine Anerkennung zollt. Das wird zwar gelegentlich von den betroffenen Mitarbeitern ins Lächerliche gezogen, man kann jedoch davon ausgehen, dass sie sich insgeheim doch darüber freuen. Auch die Anerkennung der Kollegen und direkten Vorgesetzten bestärkt die Mitarbeiter darin, sich kontinuierlich weiter zu engagieren. So angespornt begeben sich die Mitarbeiter auf die Suche nach Verbesserungen, doch das Augenscheinliche, die einfachen Probleme, Ideen und Verbesserungsvorschläge versiegen irgendwann. Die fortlaufende ▶ interne Auditierung hilft zunächst dabei, den erreichten Standard zu sichern, indem angekündigt die Dokumentation, der Wissenstand der Mitarbeiter zum KVP und das Einhalten der vereinbarten Standards für die umgesetzten KVP-Vorschläge überprüft wird. Würde man zulassen, dass das Team hinter die einmal erreichten Standards in den alten Trott zurückfiele, wäre dem KVP auf Dauer die Kraft entzogen und es wäre viel Aufwand nötig, um noch einmal denselben Stand zu erreichen. Die Absicherung und Standardisierung der Ergebnisse nach dem PDCA-Zyklus hat daher einen ebenso großen Stellenwert wie das Generieren neuer Vorschläge.

Um dennoch weiterhin ▶ KVP-Themen zu finden, kann man neben der Suche nach den sieben Arten der Verschwendung auch an die Ableitung der Verbesserungsprinzipien bereits umgesetzter KVP-Vorschläge denken. Dabei geht es vornehmlich um das Übertragen des Grundgedankens auf andere Anwendungsfelder. Spart man beispielsweise durch die Optimierung einer Spannvorrichtung beim Rüsten an einer Maschine Zeit ein, ist es naheliegend, dies auch auf andere Maschinen zu übertragen. Durch das dem Vorschlag zugrundeliegende Prinzip «Vermeidung statischer Verschraubung zugunsten eines dynamischen Spannsystems» können nun alle Schraubverbindungen, die häufiger gelöst werden müssen, auf Anwendbarkeit des Prinzips hinterfragt werden.

Sobald die erste Welle der Vorschläge abgeebbt ist, beginnen wir zudem mit der Verzahnung unterschiedlicher ▶ Methoden im KVP. In der Praxis bedeutet das, einzelne passende Methoden aus dem Baukasten des Toyota-Produktionssystems einzuführen und die daraus entstehenden Erkenntnisse und Maßnahmen zur Weiterführung des KVP zu nutzen (Abbildung 7).

Besonders geeignet sind Methoden wie die Rüstzeitoptimierung Single Minute Exchange of Die (SMED) oder das Maschineninstandhaltungskonzept Total Productive Maintenance (TPM). Diese Methoden können in Workshops mit Theorie- und Praxisanteilen durchgeführt werden und bringen regelmäßig eine Vielzahl von Erkenntnissen und deutlich sichtbare Erfolge. Das Wertstrom-Mapping hingegen bildet ganze Prozesse ab und zeigt systematisch und konkret Schwachstellen auf, die durch einen KVP bearbeitet werden können.

Von der Planung über die Einführung des grundlegenden Mitarbeiter-KVP bis zur Ergänzung durch den Experten- und Methoden-KVP verläuft der inhaltliche rote Faden dieses Buches. Unternehmen, die diesen Weg gehen, verändern sich. Der Führungsstil wird kooperativer, es wird mehr delegiert, die Mitarbeiter werden selbstsicherer und fühlen sich dem Unternehmen stärker verbunden. Letztlich wirkt sich der KVP allmählich auf die gesamte Unternehmenskultur aus. Das Unternehmen entwickelt die Fähigkeit, flexibel auf Veränderungen zu reagieren – eine überlebensnotwendige Eigenschaft im sich wandelnden Markt.

Abb. 7: Methoden im KVP

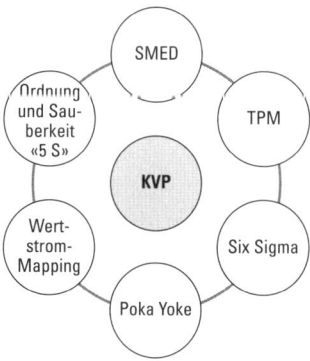

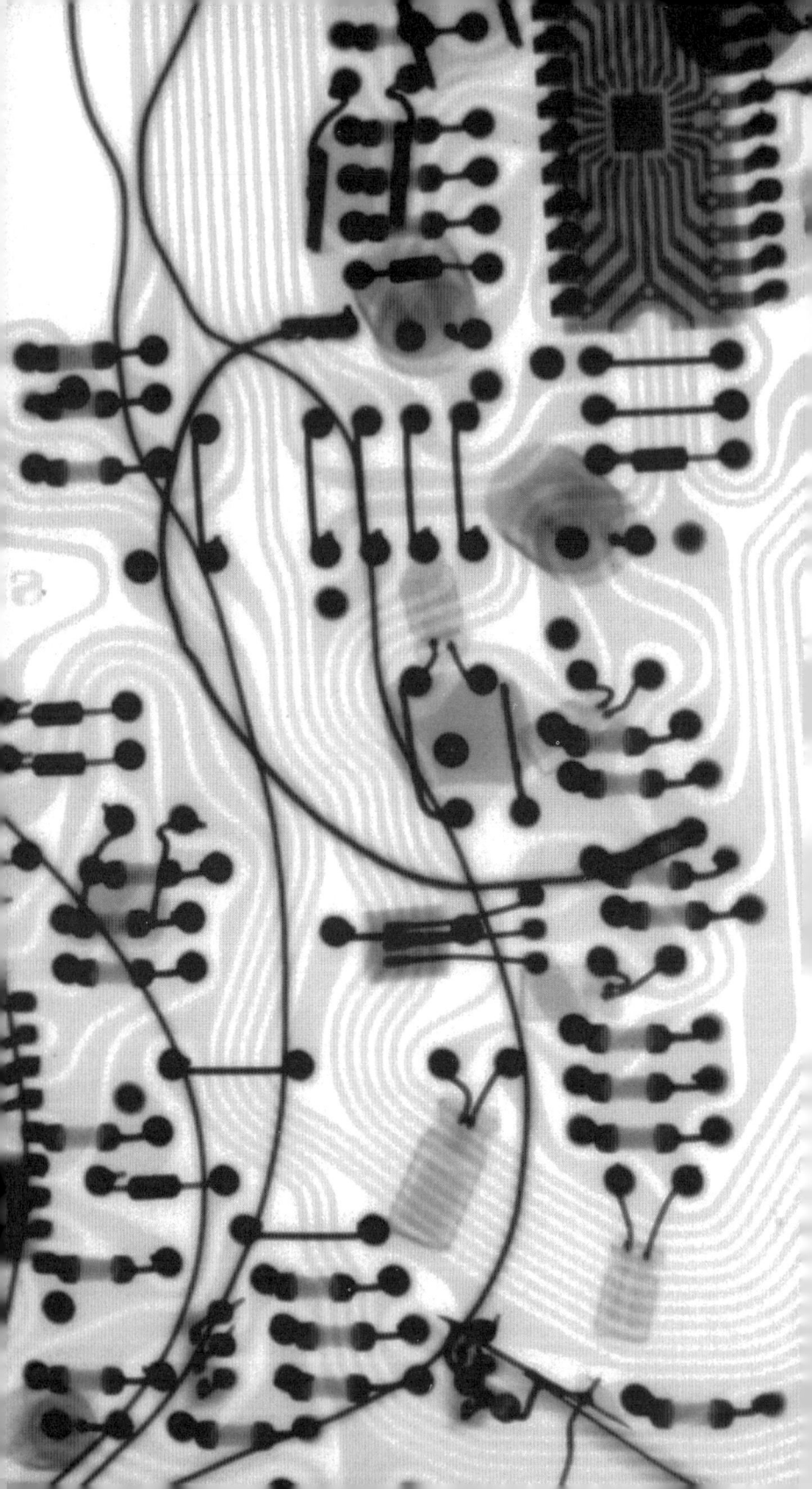

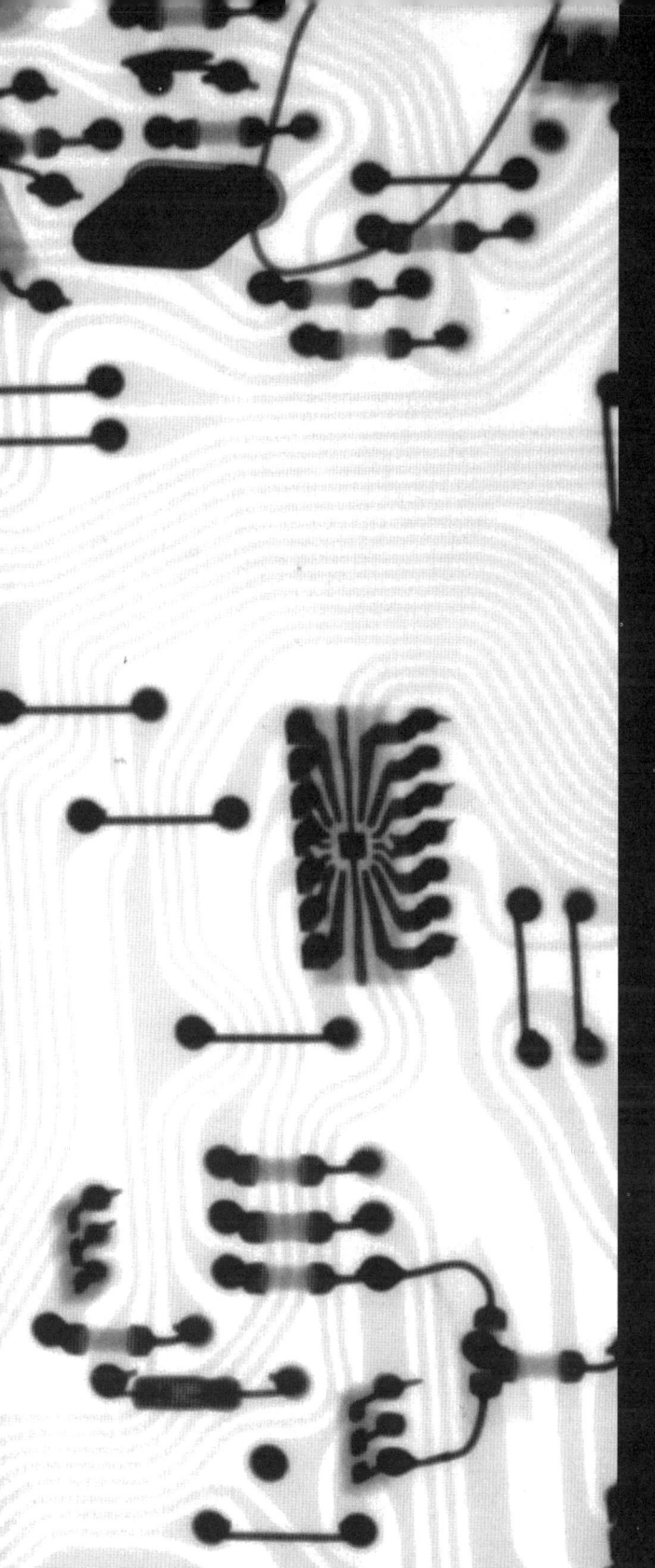

KVP und Kaizen von A bis Z

Benötigte Ressourcen

Begriff _____ Für die Planung, Implementierung und kontinuierliche Umsetzung eines KVP müssen Ressourcen in Bezug auf Zeit, Arbeitsmittel und Qualifikation bereitgestellt werden.

Bedarf _____ Will man den KVP ernsthaft und konsequent betreiben, ist eine sorgfältige Budgetierung unumgänglich. Üblicherweise werden folgende Investitionen nötig:

- Je 100 bis 150 Mitarbeiter ein zu 100 Prozent freigestellter ▶ KVP-Koordinator
- Je 20 Mitarbeiter ein ▶ KVP-Moderator mit 2 bis 3 Arbeitsstunden in der Woche
- Externe Beratung bei der Planung, Einführung und Begleitung
- Qualifizierung der Beteiligten im Rahmen der ▶ Schulung von KVP-Moderatoren, ▶ Kick-off-Veranstaltungen, und ▶ KVP-Reviews
- Workshops für komplexere Probleme
- Abschließbarer KVP-Raum mit PC, Drucker, Digitalkamera, Flipchart, Moderationspinnwand, Moderationsmaterial
- ▶ KVP-Tafeln in den Bereichen, gegebenenfalls ▶ KVP-Software
- Bereitstellung von ▶ Geld- und Sachprämien, sofern eine Prämierung vorgesehen ist
- Budget für kleinere Investitionen, um Ideen und Vorschläge schnell und wirkungsvoll vor Ort umsetzen zu können.
- Unterstützung durch Fachabteilungen bei der Umsetzung
- Zeitlicher Spielraum im Tagesgeschäft, um Probleme zu erfassen, zu lösen und zu dokumentieren

Die Ressourcenplanung bis zum Kick-off erfolgt über die Geschäftsführung im ▶ Steuerungskreis. Danach nimmt im laufenden Prozess der KVP-Koordinator nach Rücksprache mit dem Steuerungskreis die Ressourcenabschätzung wahr.

Die Bereitstellung ausreichender Ressourcen hat für den KVP eine wichtige Bedeutung. Einerseits messen die Mitarbeiter an ihr, wie ernst das Unternehmen es mit dem KVP meint, andererseits ist es natürlich auch nur mit ausreichenden Ressourcen möglich, die entsprechenden Ziele zu erreichen. Eine zu zögerliche Bereitstellung, speziell zur Umsetzung von Vorschlägen, kann bereits zu Beginn der Einführung des KVP seine Glaubwürdigkeit in Frage stellen.

In der Praxis versuchen Unternehmen gelegentlich, einen anderen Weg zu gehen und mit wenig Mitteln zu einem großen Effekt zu kommen. Das scheitert jedoch zumeist in der Umsetzungsphase, an fehlender Zeit oder fehlenden personellen Zuständigkeiten, oder daran, dass keine Mittel für die Verbesserungen bereitstehen und so die Motivation, überhaupt noch Vorschläge zu machen, bei den engagierten Mitarbeitern schnell versiegt. Der Weg, mit wenig Investitionen zu beginnen und dann nach und nach über die erarbeiteten Potenziale die Investitionen zu erhöhen, funktioniert also in der Regel nicht.

Andererseits spricht natürlich nichts dagegen, die erzielten Einsparungen aus dem laufenden KVP wieder in die nächsten Aktivitäten zu reinvestieren.

Praxistipps

Gerade die Budgetierung der Prämien ist zu Beginn schwer kalkulierbar. Als Daumenregel kann man davon ausgehen, dass 15 bis 20 Prozent der durch den KVP erzielten Einsparungen als Prämien ausgeschüttet werden.
Der zunächst hoch erscheinende Prozentsatz relativiert sich allerdings, wenn man bedenkt, dass die Prämie eine Einmalzahlung ist, während viele Vorschläge einen jährlich wiederkehrenden Nutzen bringen.

Literatur und Links

Witt, J./Witt, T. (2006): Der kontinuierliche Verbesserungsprozess (KVP).

Beteiligung der Mitarbeiter

Begriff ———— Die Beteiligung der Mitarbeiter ist das zentrale Anliegen eines KVP. Der Beteiligungsgrad (Anzahl aktiver Teilnehmer/Gesamtanzahl Mitarbeiter) wird in stabil laufenden kontinuierlichen Verbesserungsprozessen häufig als ▶ Kennzahl verwendet. Üblich in einem etablierten Prozess ist ein Beteiligungsgrad von 20 bis 30 Prozent. Durch ein konsequentes Einbeziehen der Mitarbeiter zum Beispiel im Rahmen von Workshops ist zumindest temporär auch ein Beteiligungsgrad von 70 Prozent und mehr möglich.

Vorgehen ———— Um eine möglichst hohe Beteiligung zu erzielen, ist es notwendig, alle potenziellen Hinderungsgründe zu beseitigen, um die Einstiegsschwelle für die Mitarbeiter möglichst gering zu halten (siehe auch ▶ Desinteresse, ▶ Widerstände). Voraussetzungen für eine hohe Beteiligung sind:

- Information: Der Mitarbeiter kennt Sinn und Zweck des KVP und weiß, was passiert, wenn er einen Vorschlag oder ein Problem aufschreibt.

- Zugänglichkeit: Dies betrifft insbesondere den Zugang zur Infrastruktur (▶ KVP-Karten und ▶ KVP-Tafel) sowie zu Ansprechpartnern im Unternehmen.

- Führungskultur: Die Führungskräfte (▶ Führung im KVP) unterstützen den KVP durch wertschätzendes Verhalten und räumen den Umsetzungen die nötige Zeit ein.

- Erfolgskommunikation: Umgesetzte Vorschläge werden vor Ort visualisiert.

- Im Rahmen der Einführung des KVP werden die Bereiche nacheinander in ▶ Kick-off-Veranstaltungen zum Thema informiert. So wird sichergestellt, dass jeder Einzelne das Vorgehen und die Möglichkeiten, sich zu beteiligen, erkennt.

- Um fremdsprachige Mitarbeiter zu beteiligen, hat es sich als vorteilhaft erwiesen, ihnen die Möglichkeit einzuräumen, die Karten zunächst in ihrer Muttersprache auszufüllen und diese danach zu übersetzen. Dadurch erhöht sich die Teilnahmequote bei dieser Mitarbeitergruppe in der Regel deutlich.

Exkurs: Durch eine systematische Einbindung und Beteiligung werden gelegentlich auch Fähigkeiten und Engagement bei Mitarbeitern sichtbar, die ansonsten im Arbeitsalltag nicht auffallen. So kommt es nicht selten vor, dass ein Maschinenbediener, dem man fehlendes technisches Verständnis unterstellt, zu Hause Oldtimer restauriert oder an seinem Motorrad bastelt. Andere, denen man nicht zutraut, dass sie auch anpacken können, bauen privat selbst ihr Haus – und haben wohlmöglich auch selber Planung und Organisation bewerkstelligt. Viele Mitarbeiter könnten und möchten sich engagieren, warten aber noch auf den Zeitpunkt, dass sie es endlich auch dürfen. Solche brachliegenden Potenziale können nen durch Beteiligung im KVP genutzt werden.

_____ **Praxistipps**

Der Erfolg des KVP hängt maßgeblich von der Akzeptanz und Beteiligung der Mitarbeiter ab. Es gilt daher, den Prozess immer wieder anzustoßen und im Gespräch zu halten. Möglichkeiten hierfür sind:

- Regelmäßige Abfrage von KVP-Aktivitäten als Tagesordnungspunkt im Rahmen von Besprechungen und Betriebsversammlungen.
- Stets aktuelle Visualisierung der Entwicklung der ▶ Kennzahlen und der ▶ Dokumentation der umgesetzten Vorschläge.
- Beiträge im firmeneigenen Intranet und in der Mitarbeiterzeitung als ▶ prozessbegleitende Informationsstrategie.
- KVP-Aktionen, wie gezielte Workshops oder Schwerpunktveranstaltungen.
- Führungskräfte verweisen auf den KVP, wenn die Mitarbeiter sich im Alltag beschweren: «Nicht nörgeln – Karte schreiben!»

_____ **Literatur und Links**

Menzel, F. (2009): Produktionsoptimierung mit KVP.

Betriebliches Vorschlagswesen (BVW)

Begriff _____ Das betriebliche Vorschlagswesen (BVW) ist eine institutionalisierte Form der Ideenfindung durch Mitarbeiter. Es ist vorwiegend auf Rationalisierung ausgerichtet und beteiligt den Ideengeber in der Regel prozentual an den erzielten Einsparungen.

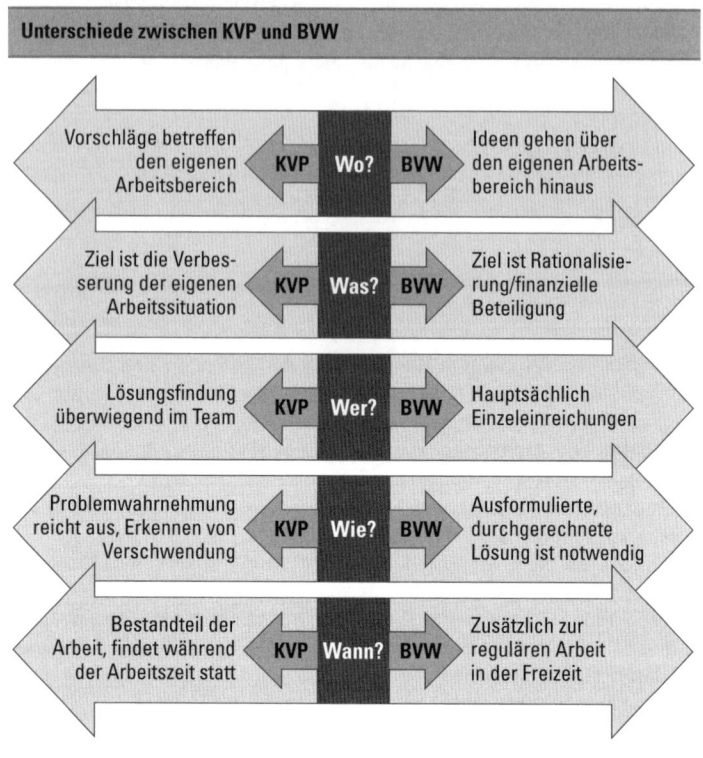

Unterschiede zwischen KVP und BVW

Vorschläge betreffen den eigenen Arbeitsbereich	KVP Wo? BVW	Ideen gehen über den eigenen Arbeitsbereich hinaus
Ziel ist die Verbesserung der eigenen Arbeitssituation	KVP Was? BVW	Ziel ist Rationalisierung/finanzielle Beteiligung
Lösungsfindung überwiegend im Team	KVP Wer? BVW	Hauptsächlich Einzeleinreichungen
Problemwahrnehmung reicht aus, Erkennen von Verschwendung	KVP Wie? BVW	Ausformulierte, durchgerechnete Lösung ist notwendig
Bestandteil der Arbeit, findet während der Arbeitszeit statt	KVP Wann? BVW	Zusätzlich zur regulären Arbeit in der Freizeit

Ablauf _____ Es werden üblicherweise ausformulierte, mit einer Nutzenberechnung versehene Vorschläge schriftlich eingereicht, über die von einem Gremium, unter Beteiligung des Betriebsrates, entschieden wird.

■ Das betriebliche Vorschlagswesen, dessen Grundidee auf Alfred Krupp (1872) zurückgeht, hat heute oft den Ruf, bürokratisch und langsam zu sein. Der Grund hierfür mag in der vorwiegenden Orientierung auf finanzielle Effekte und der damit verbundenen im Einzelfall erheblichen finanziellen Abgeltung liegen. Dies macht zum einen eine sorgfältige, langwierige Prüfung notwendig und begünstigt zum anderen die Gefahr des Ideenklaus unter den Mitarbeitern.

- Gleichzeitig sind nur wenige Mitarbeiter in der Lage, durchkalkulierte Verbesserungsvorschläge, die über den eigenen Arbeitsinhalt hinausgehen, zu machen, wodurch der tatsächliche Teilnehmerkreis im Vergleich zum KVP kleiner und dadurch auch die Anzahl der Ideen deutlich niedriger ist.

Definition _____ Als Verbesserungsvorschläge (VV) im Sinne des BVW gelten grundsätzlich

- Vorschläge, die vom Mitarbeiter zeitlich außerhalb seiner Arbeitszeit freiwillig erbracht werden und inhaltlich über den eigenen Arbeitsbereich hinausgehen.
- Vorschläge, die eine nicht schutzfähige Erfindung darstellen, ein Produkt oder einen Prozess verbessern oder einen neuen Lösungsweg für ein betriebliches Problem aufzeigen.
- Vorschläge, die Arbeitsmethoden oder Arbeitsverfahren vereinfachen, beschleunigen oder sicherer machen, Fehler vermeiden helfen, Qualität verbessern, Herstellungskosten senken und so zur Effizienzsteigerung führen.

Das BVW ist üblicherweise im Tarifvertrag oder in der Betriebsvereinbarung festgelegt.

_____**Praxistipps**

- Um Zuständigkeitskonflikte und möglichen Ideenklau zu vermeiden, werden KVP und BVW häufig in ein gemeinsames Ideenmanagement integriert.
- Werden KVP und BVW getrennt voneinander betrieben, ist eine klare, für die Mitarbeiter nachvollziehbare Abgrenzung erforderlich.
- Genau wie der KVP braucht auch das BVW eine ▶ Unternehmens- und Führungskultur, in der Verbesserungsvorschläge nicht als (persönliche) Kritik gesehen werden.
- Gerade wegen der vergleichsweise hohen Schwelle zur Teilnahme (ausformulierte Lösung) ist es wichtig, das BVW im Gespräch zu halten und konkrete Ansprechpartner zu benennen, die im Bedarfsfall Hilfestellung geben können.

_____**Literatur und Links**

Schat, K.-D. (2005): Ideen fürs Ideenmanagement.

Schindelar, K. (2010): Betriebliches Vorschlagswesen.

Desinteresse

Begriff ──── «Wir haben einen KVP – und keiner macht mit!» – Desinteresse, fehlendes Engagement und ▸ Widerstand sind in der Regel Symptome für eine Überforderung, zum Beispiel durch mangelhafte Information der Mitarbeiter oder die fehlende kulturelle Passung des Prozesses.

Formen ──── Desinteresse tritt in Form des Ignorierens oder einer passiven Duldungshaltung auf. Das Schlechtreden des Prozesses oder die aktive Verweigerung an der Teilnahme sind hingegen eher als Widerstand zu bewerten.

Da der KVP grundsätzlich ein Angebot zur Mitarbeit an der Verbesserung der eigenen Arbeitssituation auf freiwilliger Basis ist, wird es immer Mitarbeiter geben, die nicht interessiert sind teilzunehmen. Letztlich gilt es, das auch zu akzeptieren. Wichtig ist es jedoch, Gesprächsangebote zu machen und die Gründe für die Nichtteilnahme zu erfragen. So können mögliche Missverständnisse durch neutrale Information geklärt werden oder persönliche Hinderungsgründe aus dem Weg geräumt werden. Es gibt viele Gründe, aus denen sich ein Mitarbeiter dem KVP verweigern kann

- «Nur noch zwei Jahre bis zur Rente – es lohnt sich nicht mehr.»
- Als Reaktion auf die Verletzung der ▸ Erfolgsfaktoren (kurzfristige Reaktionen, transparente Prozesse, begründete Entscheidungen).
- Das grundlegende Verständnis fehlt.
- Die «Das bringt doch alles nichts, ich bin hier, um zu arbeiten, nicht um zu quatschen»-Haltung.

Das Desinteresse gegenüber dem KVP kann besonders groß sein, wenn bereits zuvor Projekte gescheitert sind oder andere Veränderungsprozesse nicht konsequent und transparent durchgeführt wurden bzw. nicht erfolgreich waren. Dann haben es Mitarbeiter leicht, die Veränderungen abzulehnen. «Hatten wir alles schon», «Funktioniert bei uns nicht» sind in diesen Situationen oft gehörte Einwände. Es lohnt sich dann, genauer nachzufragen, woran es gelegen hat, und was man in Zukunft anders machen sollte.

Durch dieses Vorgehen zeigt man zum einen Verständnis und Interesse für die bisherigen (negativen) Erfahrungen, es führt jedoch gleichzeitig auch dazu, dass die Mitarbeiter Kriterien und eigene Lösungen für zukünftige (positive) Erfahrungen für einen KVP definieren.

Grundregel: Beim Umgang mit Desinteresse gilt immer: *«Erst die Akzeptanz, dann die Argumente!»* Erst muss ein Mitarbeiter sich ernstgenommen und in seiner Sicht der Dinge verstanden fühlen, bevor überhaupt die Bereitschaft besteht, sich mit anderen Sichtweisen und Argumenten auseinanderzusetzen. Wer diese Grundregel nicht beachtet, wird sich unweigerlich in unfruchtbaren «Ja, aber ...»-Diskussionen verzetteln.

Eine häufig anzutreffende Form des Desinteresses sind die sogenannten Killerphrasen. Sie drücken die unverhüllte, zumeist sehr pauschale Ablehnung eines Mitarbeiters aus. Killerphrasen bestehen aus unzulässigen Verallgemeinerungen oder Verabsolutierungen und sind zumeist wenig konkret. Beispiele: «Das haben wir immer schon so gemacht», «Das hat doch noch nie funktioniert», «Das bringt doch alles nichts».

Man kann sich auf den Standpunkt stellen, dass bei Mitarbeitern, die so argumentieren, Hopfen und Malz verloren sei und sie einfach ignorieren. Das Problem aber ist, dass diese Mitarbeiter andere mit ihrem destruktiv geprägten Denken anstecken können. Daher gilt: Killerphrasen ernstnehmen und entschärfen. Dies geschieht am besten, indem man die Verallgemeinerungen hinterfragt, konkretisiert und nach Ausnahmen sucht.

Praxistipps

- Machen Sie deutlich, dass die im KVP gefundenen Veränderungen auch für die Mitarbeiter gelten, die kein Interesse am KVP haben bzw. sich nicht aktiv beteiligen.
- Geben Sie nie jemanden «verloren», machen Sie immer wieder Angebote, auch nur in kleinem Umfang am KVP teilzunehmen.
- Binden Sie stets alle Mitarbeiter in die Information ein, auch die, die offensichtlich kein Interesse haben.

Literatur und Links

Menzel, F. (2009): Produktionsoptimierung mit KVP.

Dokumentation von Ergebnissen

Begriff_____ Die Dokumentation von Ergebnissen ist ein zentraler Bestandteil der KVP- und der Kaizen-Aktivitäten. Sie dient zur Ergebnissicherung, dem Ideenaustausch, der Motivation und der Evaluation.

Dokumentation

KVP *factory*

Verringerung von Prüfaufwand bei Betriebsmitteln

Problemstellung:
Betriebsmittel werden jedes Mal geprüft, wenn sie aus dem Regal entnommen wurden, obwohl sie z. T. nicht in Gebrauch waren.

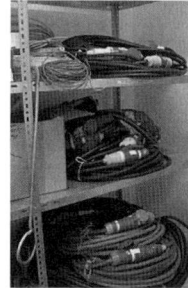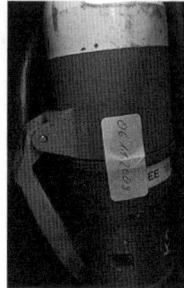

Ursache:
Es fehlt die Visualisierung, welche Betriebsmittel im Einsatz waren.

Lösung:
Ein einfaches Papiersiegel signalisiert (Nicht-)Gebrauch.

Resultat:
Einsparung von rund 30 Arbeitsstunden im Jahr.

Problem erkannt
und gelöst durch
Hr. Schmitz, Hr. Müller
April 2010

Formen _____ Sofern möglich sollten umgesetzte Vorschläge foto-
grafiert und mit einer Kurzbeschreibung versehen im betreffenden
Bereich offen ausgehängt werden. Die ausgehängte Dokumentation
muss übersichtlich sein (große Schrift, aussagekräftige Bilder) und
sollte den Umfang von einer DIN-A4-Seite nicht überschreiten.

- Wie im obenstehenden Beispiel sollte eine Dokumentation im-
  mer die ursprüngliche Problemstellung, sowie deren Ursache und
  Lösung beinhalten.
- Eine ▶ Visualisierung, beispielsweise ein Vorher-nachher-Bild,
  erleichtert in der Regel das Verständnis.
- Das Resultat muss nicht immer in monetären Einsparungen
  liegen, sondern kann ebenso eine Erhöhung der Sicherheit, eine
  Arbeitserleichterung oder die Beseitigung eines Ärgernisses und
  damit die Verbesserung der Mitarbeiterzufriedenheit betreffen.
- Die Benennung der Beteiligten mit Bild wird in der Regel als An-
  erkennung und somit als motivationsfördernd wahrgenommen.
- Offen ausgehängt, kann die Dokumentation den «produktiven
  Ideenklau», also den gewünschten Austausch zwischen den
  Bereichen fördern

_____**Praxistipps**

Dokumentationen von umgesetzten Verbesserungen sind eine ideale Mög-
lichkeit, um Ideen weiterzuverbreiten.
- Lassen Sie pro Team oder Arbeitsbereich quartalsweise die drei besten
  Ideen auswählen und dokumentieren. So entsteht über die Zeit eine stets
  verfügbare eindrucksvolle Präsentation.
- Mit einer standardisierten Layoutvorlage lassen sich Dokumentationen
  mit wenig Aufwand erstellen.
- Stellen Sie sicher, dass auch die Vorschläge dokumentiert und archiviert
  werden, die nicht mit Fotos belegt werden können, zum Beispiel durch
  Führen einer einfachen Liste oder die Verwendung von ▶ KVP-Software.

_____**Literatur und Links**

www.kvp-factory.de

Effekte von KVP

Begriff ____ Wer durch den kontinuierlichen Verbesserungsprozess die Ideen und Vorschläge von Mitarbeitern für sein Unternehmen nutzen will, erwartet in der Regel Effekte im Hinblick auf Effizienz- und Qualitätssteigerungen, im Wechselspiel verbunden und ermöglicht durch eine verbesserte Motivation der Mitarbeiter.

Praxis ____ Betrachtet man die tatsächlichen Effekte, so zeigt sich ein differenzierteres Bild. Naturgemäß sind die Effekte einer KVP-Einführung stark durch die ursprüngliche Zielsetzung, die kulturelle Prägung des Unternehmens und den zur Verfügung stehenden Freiraum beeinflusst. Eine KVP-Studie, bei der über hundert deutsche Unternehmen nach den Effekten ihres KVP befragt wurden, erbrachte bemerkenswerte Ergebnisse:

- 98 Prozent der Befragten nannten eine Kostenersparnis durch die Beseitigung von Verschwendung.
- 94 Prozent der Befragten gaben an, die Durchlaufzeit für Produkte durch den KVP gesenkt zu haben, was sich in der Folge auch positiv auf die Termintreue auswirkte.
- 80 Prozent stimmten der Aussage zu, dass Bestände von Fertigwaren und/oder Rohteilen gesenkt werden konnten.
- 71 Prozent erklärten, dass sich Ausschuss- und Nacharbeitsquote verringert haben.

Darüber hinaus wurden Verbesserungen wahrgenommen, die eher subjektiven Charakter haben.

- 91 Prozent der Befragten sahen eine Verbesserung der Mitarbeitermotivation.
- 62 Prozent bemerkten eine stärkere Identifikation mit dem Unternehmen sowie ein gestiegenes Problem- und Kostenbewusstsein der Beteiligten.
- 44 Prozent der Befragten gaben an, dass eine Verbesserung der Zusammenarbeit hierarchie- wie abteilungsübergreifend stattgefunden habe. Als weitere positive Folgeeffekte traten eine Entlastung der Führungskräfte durch die höhere Eigenverantwortung der Mitarbeiter sowie insgesamt eine Verbesserung des Betriebsklimas auf.

Rückblickend schätzen 94 Prozent der Befragten den Ertrag von KVP höher ein als den Aufwand.

Mit den von den Befragten genannten Kostenersparnissen wird sich in der Praxis sicherlich niemand zufriedengeben. Hier sollte es doch anhand der Dokumentation und der Kennzahlen möglich sein, nicht nur die Kostenersparnis an sich, sondern auch den exakten finanziellen Effekt zu beziffern. Genau hier aber lauert auch die Gefahr, den KVP in die Rationalisierungsfalle zu treiben. Zwar ist es wünschenswert, das Ergebnis eines umgesetzten KVP-Vorschlags in Heller und Pfennig berechnen zu können, doch es ist nicht immer möglich.

Aufgrund von baulichen Gegebenheiten beträgt die Höhe im rechten Türwinkel einer Werkstatttür nur 1,90 Meter. Ein Mitarbeiter sieht hier Gefahrenpotenzial, zumal es in diesem Betrieb viele befristete Arbeitskräfte gibt, die nicht mit den räumlichen Gegebenheiten vertraut sind. Er macht den Vorschlag, den Winkel mit gelbem Schaumstoff zu polstern. In diesem Fall ist das Gefährdungspotenzial nachvollziehbar, obwohl es an dieser Stelle noch nie zu einem Unfall gekommen ist. Möglicherweise würde es auch nie zu einem Unfall kommen. Wie kann hier also der (finanzielle) Nutzen berechnet werden?

Um auch diese Art von Vorschlägen in der Auswertung erfassen zu können, hat es sich als sinnvoll erwiesen, neben dem finanziellen Nutzen auch qualitative Kategorien einzuführen, in denen sich durch den KVP-Vorschlag Verbesserungen ergeben. Beispiele hierfür sind:

- Arbeitssicherheit und Umweltschutz,
- Fokussierung auf die Arbeit (Beseitigung störender Einflüsse),
- Arbeitserleichterung,
- Kundenzufriedenheit,
- Eigenmotivation.

Literatur und Links

Fröschle, U., et al. (1996): Die KVP Studie.

Begriff_____ Von einem eingeschlafenen KVP spricht man, wenn der KVP zwar formal noch vorhanden ist, aber von den Mitarbeitern nicht mehr aktiv genutzt wird.

Gründe_____ Es liegt in der Natur eines KVP, dass zu Beginn mehr Probleme wahrgenommen und in der Anfangseuphorie auch mehr Ideen formuliert werden. So gesehen ist es zunächst ein vollkommen normaler Vorgang, wenn die Anzahl der ausgefüllten ▶ KVP-Karten mit der Zeit sinkt. Es wäre falsch, jetzt mit Druck zum Beispiel über eine KVP-Quote zu versuchen, die Anzahl der KVP-Vorschläge künstlich hochzuhalten, denn letztlich ginge das nur zu Lasten der Qualität der Vorschläge.

Etwas anderes ist es jedoch, wenn der KVP durch äußere Faktoren beeinflusst an Schwung verliert. Das Einschlafen eines KVP kann unterschiedliche Gründe haben:

- Keine neuen Ideen, da alle augenscheinlichen Themen abgearbeitet sind.
- Glaubwürdigkeitsverlust durch Missachtung der drei zentralen ▶ Erfolgsfaktoren des KVP («Es tut sich sowieso nichts»).
- Fehlende personelle Zuordnung oder Kapazität. Der KVP hat keinen «Treiber» und letztlich keine Lobby im Unternehmen. Häufig passiert dies, wenn die Person des ▶ KVP-Koordinators andere Aufgaben im Unternehmen übernimmt oder der Treiber innerhalb der Geschäftsführung das Unternehmen verlässt.
- Fehlende Bereitstellung von Ressourcen oder unklare Ziele führen häufig dazu, dass die Mitarbeiter den Eindruck bekommen, «die da oben wollen gar nicht wirklich». In der Folge fehlt die Motivation, sich zu beteiligen, das Tagesgeschäft verdrängt die Ideen und Verbesserungen, und die erwarteten Effekte bleiben aus.
- Andere Themen blockieren den Prozess, zum Beispiel aktuelle wirtschaftliche Schwierigkeiten des Unternehmens oder andere äußere Markteinwirkungen wie Fusionen oder Übernahmen.

Einige Möglichkeiten, neue Impulse zu setzen, um wieder Leben in einen KVP zu bringen, sind zum Beispiel:

- Workshops zu neuen Schwerpunkten (▶ Methoden im KVP)
- Informationsaustausch im Internet, Foren, Communities
- Hinzuziehen weiterer Mitarbeiter mit anderen Perspektiven in die Workshops (z.B. Entwicklung, Personalabteilung)
- Teilnahme an Kongressen und Vorträgen, Erfahrungsaustausch in Gruppen, gegebenenfalls auch als Präsentierender
- Organisierter Erfahrungstausch mit anderen Firmen auf Mitarbeiterebene (z.B. bei Kunden und Zulieferern)
- Deutlich aufwendiger, aber sehr eindrucksvoll ist ein Besuch im Mutterland des KVP-/Kaizen-Gedankens, Japan, mit einer Besichtigung der Umsetzung vor Ort.
- Hinzuziehen externer Wissensträger (Hochschulen, Institute, Berater)

Sollten hingegen schwerwiegende Gründe zum Stillstand des KVP geführt haben, kann es ratsam sein, den Prozess zu beenden und unter neuem Namen und mit veränderter Zielsetzung neu anzustoßen. Dabei sind die folgenden Punkte zu beachten:

- Es ist wichtig, zu analysieren und transparent zu machen, warum der vorige KVP gescheitert ist und was beim jetzigen anders gemacht werden soll.
- Den Beteiligten im beendeten KVP sollte offen der Dank der Firma für ihr Engagement und ihre Bereitschaft ausgesprochen werden, auch wenn der Prozess nicht so erfolgreich verlief wie gewünscht.
- Der alte Prozess sollte zu einem festgelegten Datum offiziell beendet werden. Dabei sollten alle Logos, Vorlagen etc. entfernt bzw. ersetzt werden.

Literatur und Links

Menzel, F. (2009): Produktionsoptimierung mit KVP.

Erfolgsfaktoren

Begriff ____ Als Erfolgsfaktoren werden die für eine hohe ▶ Beteiligung unverzichtbaren Prozessbestandteile des KVP bezeichnet. Je deutlicher sie ausgeprägt sind und je konsequenter sie eingehalten werden, desto besser läuft der Prozess in der Regel.

Voraussetzung ____ Um die Erfolgsfaktoren im KVP effektiv nutzen zu können, ist eine klare Rollen- und Aufgabenverteilung innerhalb der internen Unterstützungsorganisation erforderlich (▶ Rolle des Mitarbeiters, ▶ Rolle des Betriebsrates).

Inhalt ____ Die drei zentralen Erfolgsfaktoren im KVP sind:

■ Kurzfristige Reaktionen: Wenn ein Mitarbeiter einen KVP-Vorschlag abgibt, erwartet er üblicherweise eine schnelle Rückmeldung auf seine Idee. Im Normalfall sollten daher spätestens nach einer Arbeitswoche Verständnisfragen geklärt und der KVP-Vorschlag in den «In Bearbeitung»-Status überführt worden sein. Dies geschieht öffentlich, zum Beispiel durch Visualisierung an der KVP-Tafel, sodass der Mitarbeiter informiert ist.

■ Transparente Prozesse: Für Vorschläge, die eine längere Bearbeitungszeit benötigen, zum Beispiel weil andere Fachabteilungen einbezogen werden müssen oder Zeit für Planung, Abstimmung, und Entscheidungsfindung erforderlich ist, sollte der Mitarbeiter jederzeit über den aktuellen Bearbeitungsstand informiert sein, zum Beispiel «Anfrage weitergeleitet an Abt. EDV, Hr. Müller -359. Rückmeldung bis KW 15». Vorschläge, die «im Nirwana» verschwinden, gehören zu den größten Demotivationsfaktoren.

■ Begründete Entscheidungen: Sofern Vorschläge abgelehnt werden müssen, ist die Ablehnung (durch den Vorgesetzten oder den ▶ KVP-Moderator) immer individuell und schriftlich vorzunehmen. Vermeiden Sie es, mit Textbausteinen zu arbeiten, und informieren Sie kurz, aber nachvollziehbar, warum der Vorschlag nicht umgesetzt werden kann. Schaffen Sie die Möglichkeit, in Härtefällen auch abgelehnte Vorschläge nochmals prüfen zu lassen, etwa durch den ▶ KVP-Koordinator oder den ▶ Steuerungskreis.

Die Verletzung der Erfolgsfaktoren hat unweigerlich ein Nachlassen der Aktivität bei den betroffenen Mitarbeitern zur Folge. Es ist daher unbedingt in der Planung darauf zu achten, dass der Prozess sich an diesen Faktoren orientiert und genügend Ressourcen bereitgehalten werden, um ihnen gerecht werden zu können.

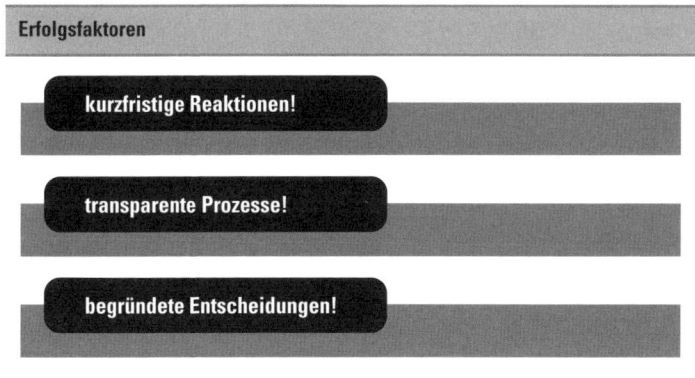

Erfolgsfaktoren

kurzfristige Reaktionen!

transparente Prozesse!

begründete Entscheidungen!

Praxistipps

Da die Erfolgsfaktoren von so entscheidender Bedeutung für den Prozess sind, sollten Abweichungen oder Verstöße umgehend thematisiert werden.
■ Fragen Sie die Beteiligten, wie zufrieden sie mit der Einhaltung der Faktoren sind.
■ Erfassen Sie die Reaktionszeit und nehmen Sie sie als eine ▶ Kennzahl für die Güte des KVP.

Literatur und Links

Menzel, F. (2009): Produktionsoptimierung mit KVP.

FAQ (Frequently Asked Questions)

Begriff ———— Die Frequently Asked Questions (FAQ), zu Deutsch «häufig gestellte Fragen», sind üblicherweise in der technischen Referenz von Produkten zu finden und helfen die Zahl der Rückfragen zu verringern, indem die Antworten auf die am häufigsten gestellten Fragen aufgelistet sind.

Nutzen ———— Im Laufe der Planung des KVP wird gelegentlich vergessen, dass die Mitarbeiter aus ihrer Sicht ein ganz grundlegendes Informationsbedürfnis im Hinblick auf die anstehenden Veränderungen haben, das sich von dem der Führungskräfte und der Planer des KVP deutlich unterscheiden kann. Besonders Antworten auf die Fragen zum konkreten Vorgehen und die «Was passiert, wenn …»-Fragen sind für die Mitarbeiter von entscheidender Bedeutung und spielen bei der Bereitschaft, aktiv am KVP teilzunehmen, eine wesentliche Rolle.

- Die FAQ helfen den Projektmitgliedern, vor der Einführung des KVP zu überprüfen, ob der geplante Prozess anschlussfähig an den Arbeitsalltag der Mitarbeiter ist.
- Die FAQ fördern gleichzeitig das gemeinsame Verständnis und decken blinde Flecken in der Planung auf.
- Die FAQ sind besonders vor dem Mitarbeiter-Kick-off hilfreich, da sie als Informationsgrundlage genutzt werden können (▶ Kick-off-Veranstaltung).
- Viele Rückfragen und Missverständnisse können durch die FAQ bereits im Vorfeld geklärt werden, sodass sie den KVP nicht belasten.

Sofern Sie den KVP geplant haben und jetzt die Mitarbeiter einbinden wollen, werden Sie als verantwortliche Führungskräfte und Teilnehmer der Projektgruppe hierzu im Alltag Fragen beantworten müssen. Überlegen Sie, welche Fragen Ihnen vermutlich von Mitarbeitern gestellt werden. Dies können sein:

- typische Fragen (was jeder wissen will),
- Spezialfragen im Sinne von Detailfragen,
- Killerfragen à la «Brauchen wir das wirklich?» (manchmal hilft es, sich bestimmte Mitarbeiter dabei vorzustellen …),
- Fragen, die Sie selbst haben und (noch) nicht beantworten können.

Übung: Erarbeiten Sie die FAQ mit den Mitgliedern der Projektgruppe zur KVP-Einführung. Teilen Sie die Gruppe in zwei Kleingruppen auf, die sich jeweils mindestens 10 Fragen ausdenken (nicht die Antworten!). Die Gruppen werden sich dann gegenseitig die Fragen stellen, und jede Gruppe muss abwechselnd eine Frage der jeweils anderen Gruppe beantworten. Durch die «Konkurrenzsituation» der zwei Gruppen ergibt sich oft eine zusätzliche Motivation, auch «unmögliche» Fragen zu formulieren. So entsteht eine Liste mit den häufig gestellten Fragen und den passenden Antworten, die schriftlich festgehalten wird. Alle Fragen müssen durch die Gruppe einheitlich beantwortet werden. Taucht also eine ganz unbekannte Frage auf, ist es die Aufgabe aller Beteiligten sich auf eine Antwort zu einigen.

Diese Art von Dialog beugt der in Veränderungen häufig schnell brodelnden Gerüchteküche vor und sorgt dafür, dass alle Mitarbeiter immer denselben Stand haben.

Auch das häufig in Veränderungsprozessen zu beobachtende «Elternspiel» («Wenn Mama nein sagt, frage ich Papa»), bei dem versucht wird, die Führungskräfte gegeneinander auszuspielen, ist bei der verbindlichen gemeinsamen Beantwortung der Fragen nicht mehr möglich, da die für den KVP verantwortlichen Führungskräfte mit einer Stimme sprechen.

_____**Praxistipps**

- Hängen Sie die entstandene Liste später als offenen Dialog an der KVP-Infotafel (▶ KVP-Tafel) aus, und ermuntern Sie die Mitarbeiter, sie durch hinzugefügte Fragen weiterzuführen.
- Die FAQ zum KVP können im Rahmen einer Informationsbroschüre oder eines Handouts an alle neu in den KVP einsteigenden Mitarbeiter verteilt oder als Beitrag im Intranet veröffentlicht werden.

_____**Literatur und Links**

Menzel, F. (2009): Praxishandbuch Betriebsleiter.

Führung im KVP

Begriff ——— Den Führungskräften kommt im KVP eine Schlüsselfunktion zu. Neben der Unterstützung und dem Vorleben der KVP-Prinzipien gilt es, im Alltag immer wieder förderliche Rahmenbedingungen für den KVP zu schaffen. Dies ist besonders im Hinblick auf die zur Verfügung gestellte Zeit notwendig. Weiterhin sind Lob und Anerkennung für das Engagement der Mitarbeiter unverzichtbare Bestandteile der Führung im KVP.

Führungsfaktoren ——— Es lassen sich eine Vielzahl konkreter Handlungen benennen, die sich als förderlich für KVP erwiesen haben. Darunter fallen zum Beispiel:

- Selber den KVP verstehen und ihn als Chance sehen
- Zuhören und die Sorgen und Befürchtungen der Mitarbeiter ernst nehmen
- Regelmäßig Informationen weitergeben und Erfahrungen austauschen
- Anerkennung vermitteln beispielsweise durch Teilnahme bei Abschlussrunden in Workshops oder bei Umsetzungen am Arbeitsplatz
- Die Umsetzung eigenhändig tatkräftig unterstützen (Vorbildfunktion!)
- Den Handlungsbedarf zur Unterstützung seiner Gruppe frühzeitig erkennen. Lernsituationen «on the job» ermöglichen, um die Entwicklung des Teams zu fördern
- Mitarbeiter etwas ausprobieren lassen und dazu eine fehlerfreundliche Lernkultur schaffen – nicht alles klappt sofort

Konsequent zu Ende gedacht, kann Führung als Dienstleistung für die Mitarbeiter verstanden werden. Es geht vornehmlich darum, den Prozess der Leistungserbringung optimal zu strukturieren, damit die Mitarbeiter gut arbeiten können. Es ist nicht Aufgabe der Führungskraft, die Vorgänge anzutreiben oder zu kontrollieren.

In unserer Wahrnehmung sind es zumeist weniger die großen negativen Erlebnisse, die einem die Stimmung vermiesen, sondern die vielen Kleinigkeiten, die uns nerven. Genau andersherum ist es bei den Erfolgen. Die vielen kleinen Erfolge werden kaum wahrgenommen oder gewürdigt. Erfolg ist in der Vorstellung der meisten Menschen eine große sichtbare Veränderung zum Besseren. Die Aufgabe insbesondere der Führungskräfte und Vorgesetzten ist es, die kleinen Negativerlebnisse zu relativieren, und noch wichtiger, die Mitarbeiter für die vielen kleinen Erfolge zu sensibilisieren und diese zu würdigen.

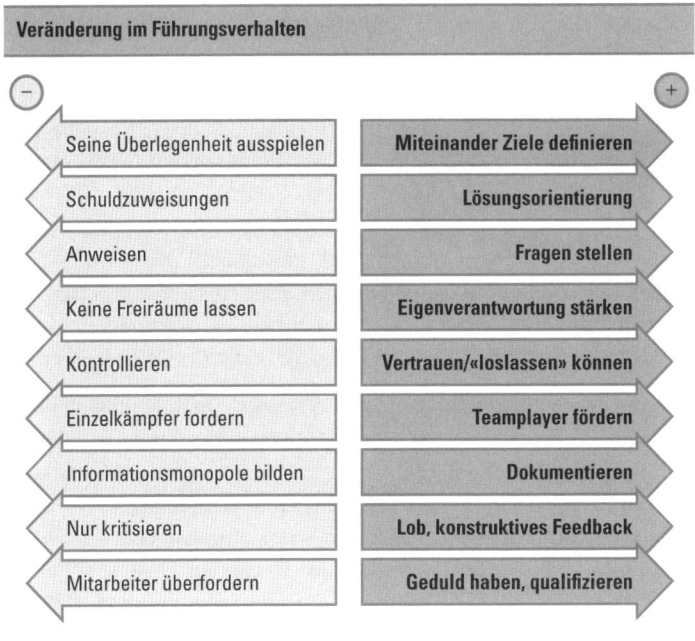

Veränderung im Führungsverhalten

(−)	(+)
Seine Überlegenheit ausspielen	Miteinander Ziele definieren
Schuldzuweisungen	Lösungsorientierung
Anweisen	Fragen stellen
Keine Freiräume lassen	Eigenverantwortung stärken
Kontrollieren	Vertrauen/«loslassen» können
Einzelkämpfer fordern	Teamplayer fördern
Informationsmonopole bilden	Dokumentieren
Nur kritisieren	Lob, konstruktives Feedback
Mitarbeiter überfordern	Geduld haben, qualifizieren

Literatur und Links

Witt, J./Witt, T. (2006): Der kontinuierliche Verbesserungsprozess (KVP).

Geld- oder Sachprämie

Begriff _____ Die Akzeptanz des KVP und die Bereitschaft, sich darin zu engagieren, kann durch ein Anerkennungssystem gefördert werden, das für die Teilnahme oder die erbrachten Vorschläge Prämien in Form von Geld oder Sachprämien vergibt.

Formen _____ Mit der Möglichkeit einer finanziellen Beteiligung an den Einsparungen begibt man sich allerdings in direkte Konkurrenz zum betrieblichen Vorschlagswesen. Zudem kann eine «Neidkultur» entstehen und die subjektiv wahrgenommenen Ungerechtigkeiten («Der hat meine Idee geklaut und sahnt jetzt ab») führen den KVP in eine falsche Richtung.

Eine finanzielle Anerkennung muss nicht zwingend in der Ausschüttung von Bargeld liegen, sondern kann auch in der Ausgabe von Sammelpunkten etwa in Form von Jetons bestehen, die zum Beispiel einen Gegenwert von 3 € haben und gesammelt gegen attraktive Sachprämien getauscht werden können. Eine Auszahlung in Bargeld ist nicht möglich. Es besteht die Möglichkeit, die Wertmarken für einen definierten guten Zweck zu spenden. In der Praxis bedeutet das:

- Jeder Vorschlag, unabhängig von seiner Qualität und seinem Potenzial, wird honoriert. Als Sachprämie kommt dabei alles in Frage, was für die Beteiligten attraktiv ist und einen gewissen Wert im Monat (geldwerter Vorteil) nicht übersteigt.
- Die Sachprämien können aus dem Werbemittelangebot der Firma stammen und tragen, wenn sie im Corporate Design gehalten sind, sogar noch dazu bei, das Zusammengehörigkeitsgefühl zu stärken. Beispiele für Sachprämien sind Kugelschreiber, Rucksack, Taschenlampe, USB-Stick, Taschenkalender, T-Shirts, Tankgutscheine oder Werkzeug.
- Die Ausgabe der Jetons und die Einlösung der Prämien liegt in der Verantwortung von ▶ KVP-Moderator und ▶ KVP-Koordinator.

Im Rahmen eines Verbesserungsprojektes wurden an einigen Arbeitsplätzen sogenannte Shadow Boards (Umrisszeichnungen, die deutlich machen, wo welches Werkzeug hängt) eingerichtet, an denen das Werkzeug offen zugänglich aufbewahrt wurde, statt wie zuvor im verschlossenen Werkzeugwagen. Sehr bald zeigte sich, dass regelmäßig Werkzeug verschwand. Der Produktionsverantwortliche sah es gelassen. Mit den Worten «Es dauert eben etwas, bis der interne Markt gesättigt ist» wurde das Werkzeug neu gekauft. Zusätzlich wurden die so begehrten, hochwertigen, mit Firmenlogo versehenen Werkzeuge in den offiziellen KVP-Prämienkatalog aufgenommen und konnten jetzt «legal» im Tausch gegen gute Ideen erworben werden. Innerhalb kürzester Zeit erlosch das Interesse an den Werkzeugen in der Produktion.

Eine weitere Möglichkeit besteht in der Verlosung von Sachprämien im Rahmen einer jährlich stattfindenden Tombola. Als Lose fungieren hier durchnummerierte Wertmarken anstelle der Jetons. Das bedeutet, dass die Mitarbeiter mit jedem umgesetzten KVP-Vorschlag die Chance auf «das große Los» haben.

Praxistipps

Sofern man sich dazu entscheidet, Prämien für KVP-Vorschläge zu gewähren, ist zu berücksichtigen, welche finanziellen Effekte von ihnen ausgehen. Sind die Kosten im Vergleich zum Nutzen gerechtfertigt? Werden beispielsweise alle eingereichten Vorschläge belohnt, besteht die Gefahr, dass viele sogenannte «Cafeteria-Vorschläge» eingereicht werden, die nur quantitativ motiviert sind.

- Kommunizieren Sie Ihr Prämiensystem als Anerkennung für erbrachte Leistungen, und nicht als Anreizsystem, um Leistungen zu erbringen. So vermeiden Sie, dass Vorschläge nur noch «gegen Bezahlung» erfolgen.
- In Unternehmen mit einem langjährigen etablierten KVP kann eine KVP-Gruppenprämie Bestandteil der Entlohnung sein.

Literatur und Links

Menzel, F. (2009): Produktionsoptimierung mit KVP.

Gruppendynamik

Begriff _____ KVP-Aktivitäten finden immer in der Gruppe statt und haben somit auch positive wie negative Rückwirkungen auf die Gruppe. Die Gleichbehandlung von Ideen innerhalb einer Gruppe ist eine wichtige Aufgabe der KVP-Verantwortlichen und der Führungskräfte, die Transparenz im Umgang mit Ideen ist ein Grundprinzip eines erfolgreichen KVP.

Motto _____ «Nichts ist so mächtig wie eine Idee, deren Zeit gekommen ist.» (Victor Hugo)

Vorgehen _____ Jeder von uns hat täglich viele Ideen, die gar nicht erst geäußert werden, weil sie zu trivial oder zu abwegig erscheinen, weil man sie einfach gleich wieder vergisst oder weil man sich schlicht nicht traut, auch mal mit einer «verrückten» Idee an die Öffentlichkeit zu gehen – man könnte sich ja einen Ruf als «Spinner» einhandeln. «Das bringt nichts» – die Schere im Kopf ist der gängigste Ideentod. Zudem scheint es zu jeder Idee hundert «Ja, aber …» zu geben, weil Menschen offensichtlich generell eher eine Mangel- oder Problemwahrnehmung haben als eine Lösungsorientierung.

- Würdigen Sie die kleinen Ideen, um die Entwicklung zu den großen Ideen zu ermöglichen. Auch die noch nicht ausgereiften Ideen müssen ernstgenommen werden, denn durch sie können die Gruppenmitglieder sich gegenseitig anspornen und inspirieren lassen. Das geht nur mit dem Mut und dem Vertrauen der Mitarbeiter.
- Schaffen Sie eine gemeinsame Kultur in der Gruppe, auch die kleinen Dinge zu beachten und umzusetzen, um dem einen oder anderen den Mut zu geben, auch seine «spinnerte» Idee zu äußern. Hier zeigt sich, ob der ▶ Teamgedanke des KVP nur eine Floskel oder ein gelebtes Prinzip ist.
- Seien Sie als Führungskraft Vorbild und achten Sie darauf, dass in Diskussionen oder Gruppengesprächen niemand übergangen wird oder dass Ideen kleingeredet oder gar zerredet werden.
- Versuchen Sie, durch das Vorgehen nach dem ▶ PDCA-Zyklus Ideen auch einfach mal auszuprobieren statt nur zu diskutieren. Fördern Sie auf diese Weise, dass Vor- und Nachteile einer Idee für die Teilnehmer erlebbar werden.

Der Umgang mit dem Ideenlieferanten spielt bei der ▶ Motivation zur Teilnahme am KVP eine wichtige Rolle. Mitarbeiter haben zumeist ein feines Gespür dafür, ob sie und ihre Ideen gerecht behandelt werden oder ob ihre Ideen ausgebeutet werden und jemand anderes den Nutzen daraus zieht. Eine in der Praxis häufig anzutreffende Verletzung dieses Fairness-Prinzips besteht darin, dass der Urheber einer Idee nicht gewürdigt wird oder andere die Anerkennung und möglicherweise sogar die Prämie für die Verbesserung einstreichen.

Wenn eine Idee mit zeitlichem Abstand oder mit unwesentlichen Modifikationen von einem anderen Mitarbeiter erneut eingereicht wird und dieser dann den Erfolg hat, der dem eigentlichen Urheber der Idee versagt geblieben ist, entsteht ebenfalls ein Gefühl von ungerechter Behandlung, das im Extremfall dazu führen kann, dass der betreffende Mitarbeiter sich in den Schmollwinkel zurückzieht und schlecht über den KVP redet.

Praxistipps

■ Wechseln Sie die KVP-Moderatoren im Rotationsprinzip, um neue Impulse in Gruppen zu bringen.
■ Binden Sie Kritiker im Tandem mit «KVP-Machern» in die praktische Umsetzung ein.

Literatur und Links

Rehm, S. (1999): Gruppenarbeit.

Guerilla-KVP

Begriff _____ Der Guerilla-KVP ist eine Variante des KVP, die stärker von Einzelpersonen vorangetrieben wird und auf die formale Unterstützungsorganisation, nicht aber auf die organisationale Passung verzichtet. Dadurch verringert sich der Aufwand für das Unternehmen, was diese KVP-Variante speziell für kleine und mittelständische Unternehmen (KMU) interessant macht.

Metapher _____ In einer Guerilla-Bewegung (span. «kleiner Krieg») schließen sich Unzufriedene zusammen, um gemeinsam gezielt den Feind (hier die Verschwendung) zu bekämpfen. Dies geschieht durch schnelle wirksame Aktionen, die einerseits Aufmerksamkeit und Sympathie erzeugen, andererseits aber auch die bestehende (Un-)Ordnung stören sollen. Im Idealfall gewinnt die Bewegung immer mehr Anhänger und wird zur regulären Ordnungsmacht.

Die Guerilla plant ihre Aktionen im Verborgenen und hinterlässt deutlich sichtbare Zeichen. Die Aktionen richten sich nicht gegen Personen («Herr X arbeitet schlampig»), sondern gegen Symbole und Einrichtungen der bestehenden (Un-)Ordnung, zum Beispiel übervolle Regale.

Umsetzung _____ In der Praxis ist der Treiber eines Guerilla-KVP ein engagierter Mitarbeiter, der hinter der KVP-Idee steht und sich nicht mit dem derzeitigen Zustand zufriedengibt. Weiterhin sollte diese Rolle jemand einnehmen, der über ausreichend Akzeptanz bei den Mitarbeitern verfügt. In Firmen, in denen diese Art von KVP praktiziert wird, wird diese Rolle unterschiedlich benannt: «Prozessverbesserer», «Kümmerer» oder schlicht «Problemlöser».

Seine Aufgabe besteht darin, zuzuhören, was die Leute bewegt, und dann direkt zu handeln. Beim Guerilla-KVP werden anders als in anderen KVP-Formen nicht immer alle Mitarbeiter einbezogen, sondern die Organisation der Umsetzung obliegt dem KVP-Problemlöser. Dazu ist es auch notwendig, sich innerhalb der Firma die benötigte Unterstützung der Fachabteilungen zu organisieren. Der direkte Draht zu einzelnen dort beschäftigten Mitarbeitern und der sogenannte kleine Dienstweg sind Vorteile des Guerilla-KVP im Gegensatz zur üblichen KVP-Variante mit ihren festgelegten Entscheidungswegen.

Die umgesetzten Veränderungen werden innerhalb des Bereiches, am besten direkt am Arbeitsplatz, mit einem Symbol gekennzeichnet. Diese Kennzeichnung ist wichtig, da sie den Mitarbeitern signalisiert, dass sich etwas verändert hat. Im Gegensatz zur eigentlichen Veränderung, an die sich die Mitarbeiter schnell gewöhnt haben und die nach einiger Zeit nicht mehr auffällt, sind die Symbole ein bleibendes Zeichen für die dynamische Entwicklung an dem betreffenden Arbeitsplatz. Über diese Form der dokumentierten Veränderung soll zudem eine Akzeptanz bei den Mitarbeitern erreicht werden. Letztlich ist auch beim Guerilla-KVP jeder Vorschlag und jede Unterstützung willkommen. Die Möglichkeit, sich im Rahmen seiner eigenen Arbeitsplatzgestaltung aktiv mit Vorschlägen am Guerilla-KVP zu beteiligen, steht allen Beteiligten offen.

Zeigen sich im Laufe der Zeit durch den Guerilla-KVP Erfolge und größere Potenziale, spricht nichts dagegen, aus den vereinzelten Guerilla-Aktionen ein unternehmensinternes Veränderungswesen zu generieren.

Natürlich wird auch für den Guerilla-KVP Zeit benötigt. Es gibt hier allerdings keine Freistellung eines Mitarbeiters, sondern immer nur die Möglichkeit, temporär an Veränderungen zu arbeiten.

_____**Praxistipps**

Guerilla-KVP-Aktionen müssen mit der Geschäftsführung und der Produktionsleitung abgestimmt sein. Festgelegte Grenzen und Restriktionen der einzelnen Umsetzungen dürfen nicht verletzt werden.

_____**Literatur und Links**

www.kvp-factory.de

Ideenpyramide

Begriff ———— Die Ideenpyramide ist ein Modell, das die Verteilung der Ideen im Hinblick auf Anzahl und Effekt verdeutlicht und so die Grundidee der Verbesserungsrichtung im KVP widerspiegelt.

Grundidee ———— An der Spitze der Pyramide stehen die wenigen Ideen, die einen großen unmittelbaren finanziellen Nutzen für das Unternehmen erbringen. Erreichen kann man sie aber nur, wenn im Tagesgeschäft die Basis mit Problembenennungen, Ideen und Kleinvorschlägen gefüttert wird.

❶ Die Basis der Ideenpyramide bilden die vielen kleinen Vorschläge, die schnell umgesetzt werden können und hauptsächlich in der Beseitigung von Alltagsärgernissen liegen oder Arbeitserleichterungen zur Folge haben. Sie bilden mit rund 90 Prozent den weitaus größten Teil. Der direkte Einspareffekt ist oftmals kaum nachweisbar, gelegentlich sind sogar zusätzliche Investitionen erforderlich, zum Beispiel in neues Werkzeug. Die Motivation, die von diesen Veränderungen ausgeht, ist jedoch nicht zu unterschätzen. Es sind in der Regel «Selbstverständlichkeiten», die aber ohne den Rahmen KVP oftmals im Tagesgeschäft untergehen.

❷ Die mittlere Stufe bilden Vorschläge, die sowohl dem Mitarbeiter als auch dem Unternehmen klare Vorteile bringen.

❸ Die oberste Stufe sind die Ausnahmeideen, die grundlegende Veränderungen anstoßen und so dem Unternehmen helfen, viel Geld einzusparen. Sie sind äußerst selten und können sowohl spontan auftreten als auch die letzte Entwicklungsstufe eines vormals kleinen Problems sein, wie das folgende Beispiel verdeutlicht:

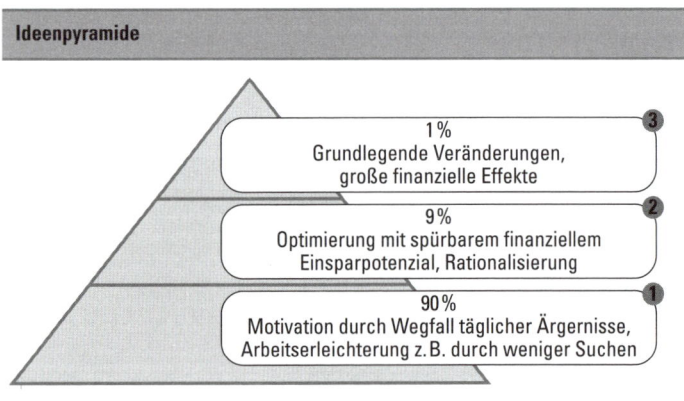

Ideenpyramide

1 %
Grundlegende Veränderungen,
große finanzielle Effekte ❸

9 %
Optimierung mit spürbarem finanziellem
Einsparpotenzial, Rationalisierung ❷

90 %
Motivation durch Wegfall täglicher Ärgernisse,
Arbeitserleichterung z. B. durch weniger Suchen ❶

Der Mitarbeiter Müller hört, als er am Freitagabend die letzte Maschine abstellt, ein Zischen. Ihm ist klar, da gibt es eine Leckage im Druckluftsystem, und weil er weiß, dass Druckluft teuer ist, macht er sich auf die Suche und wird fündig. Die undichte Kupplung ist schnell ersetzt. Aber wäre es nicht sinnvoll, diese Verschwendung systematisch zu erfassen statt auf Zufälle wie heute zu hoffen? Also schreibt der Mitarbeiter Müller auch noch einen KVP-Vorschlag: Regelmäßige, wöchentliche Kontrolle des Druckluftsystems auf Undichtigkeiten. Bei der Überprüfung des Vorschlages im Rahmen eines Workshops stellt ein Mitarbeiter die Frage, ob an dem entsprechenden Arbeitsplatz überhaupt Druckluft notwendig ist. Schließlich entwickelt die Gruppe in der Folge Alternativen zur Druckluftnutzung (Abbürsten von Verschmutzung) für den gesamten Bereich. Aus einem Problem ist zunächst eine kleine Idee und schließlich eine grundlegende Veränderung geworden.

Praxistipps

- Nutzen Sie das Beispiel der Ideenpyramide, um den Mitarbeitern die Zielsetzung bei der Einführung des KVP zu verdeutlichen.
- Leben Sie das Motto «Jede Idee zählt» konsequent vor, indem Sie auch zunächst scheinbar triviale Probleme oder Vorschläge würdigen.

Literatur und Links

Menzel, F. (2009): Produktionsoptimierung mit KVP.

Informationsstrategie zur Einführung

Begriff ____ Die Vorbereitung eines KVP muss notwendigerweise von einer klaren Informationsstrategie begleitet werden, um Ängste abzubauen, Neugier zu wecken und der allgegenwärtigen Gerüchteküche die Nahrung zu entziehen.

Inhalte ____ Die Informationsstrategie dient zunächst dazu, den Begriff «KVP = kontinuierlicher Verbesserungsprozess» in Umlauf zu bringen und die Mitarbeiter für die Grundidee zu sensibilisieren.

- Regelmäßige kleine Informationen verbreiten, beispielsweise im Rahmen der Mitarbeiterzeitung, am schwarzen Brett, via Intranet, in Führungsrunden oder Betriebsratssitzungen
- Ansprechpartner bekannt machen mit Bild und Kontaktdaten
- Zielsetzung und Nutzen des KVP transparent machen
- Logo und Schriftzug etablieren
- Plätze einführen, an denen in Zukunft die KVP-Informationen aushängen

Nicht das Vorhandensein, sondern die Wahrnehmung von Information, ist häufig das entscheidende Hindernis. Zumeist sind die nötigen Informationen im Unternehmen verstreut. Oft fehlt die Zeit oder die Lust, sich aus dem Informationswust die relevanten Inhalte herauszusuchen, oder das Abstraktionsniveau der vorliegenden Informationen überfordert den interessierten Mitarbeiter. Für die Aufbereitung von Informationen haben sich daher folgende Regeln bewährt:

Regeln:

- Eine einfache, verständliche Sprache verwenden.
- Abkürzungen und Anglizismen sowie Fremdwörter vermeiden. Falls das nicht möglich ist, ein erklärendes Glossar anhängen.
- Wenig Text verwenden, stattdessen viel mit Bildern arbeiten («Ein Bild sagt mehr als tausend Worte»).
- Bei der Nutzung von Diagrammen ist darauf zu achten, dass pro Seite oder Aussage nur ein Diagramm verwendet wird. Die Kernaussage sollte Bestandteil des Diagramms sein.
- Ebenfalls hilfreich sind Lese- oder Interpretationshinweise.

Ein zusätzlicher Bestandteil der Informationsstrategie kann in einem aktiv gestalteten dialogischen Vorgehen durchgeführt werden. Methoden hierfür sind:

- Der «heiße Stuhl»: Das ist eine dreißig- bis sechzigminütige Plenumsveranstaltung mit dem Chef, Betriebsrat und/oder ▶ KVP-Koordinator, in der jeder Mitarbeiter seine Fragen loswerden kann und konkrete Antworten erhält.
- Eine KVP-Hotline kann gerade im Einführungszeitraum viele offene Fragen klären.
- Eine KVP-Sprechstunde für Führungskräfte und Mitarbeiter.

Praxistipps

Generell gilt für die Information, dass sie zielgruppenspezifisch aufbereitet sein muss. Orientieren Sie sich daher in der Wortwahl und im Ausdruck immer an Ihrer Zielgruppe und setzen Sie bewusst eine Ebene tiefer an, als die Zielgruppe tatsächlich ist.
Wenn Sie also einer Führungskraft etwas erklären wollen, wählen Sie das Sprachniveau eines Mitarbeiters, beim Mitarbeiter das eines Auszubildenden, beim Azubi das eines Schülers usw. Das hat nichts damit zu tun, dass Sie die Leute nicht für intelligent genug halten, sondern hängt vielmehr mit dem Umstand zusammen, dass man sich mit der Erstellung von Informationen mehr Zeit nimmt und mehr Hintergrundwissen hat als bei der Neuaufnahme von Informationen. Die geschieht nämlich zumeist schnell oder wie bereits erwähnt im Vorübergehen. Daher wird nur behalten, was wichtig, klar und irgendwie besonders ist oder auf eine andere Art aus dem allgemeinen Informationswust herausragt.

Literatur und Links

Seifert, J. W. (2001): Visualisieren Präsentieren Moderieren.

Interne Auditierung

Begriff _____ Audits dienen der Messbarkeit der Umsetzung und stellen sicher, dass Abweichungen von einem einmal erreichten Standard sichtbar werden. Eine Weiterentwicklung ist nur möglich, wenn die Veränderung anhand transparenter Kriterien messbar ist. Hierbei können im Rahmen von internen Audits verschiedene Bewertungsperspektiven zu Hilfe genommen werden. Die interne Auditierung kann inhaltlich frei gestaltet werden und sollte regelmäßig mit Ankündigung durchgeführt werden.

Vorgehen _____ Durch einen qualifizierten Auditor, zum Beispiel den ▶ KVP-Koordinator, wird der Bereich hinsichtlich seines KVP-Umsetzungsgrades auditiert. Der Auditor ist dabei kein Prüfer oder Kontrolleur, sondern seine Aufgabe ist es, anhand gezielter Fragen den aktuellen Stand von Vereinbarungen, Regelungen und Maßnahmen festzustellen.

- Um Interessenkonflikte zu vermeiden, sollte der interne Auditor unabhängig vom auditierten Bereich sein.
- Die internen Audits sollten mit einem vorhandenen Qualitätsmanagementsystem abgestimmt sein.
- Sie sollten in regelmäßigen, festgelegten Abständen durchgeführt werden.
- Das Ziel ist eine systematische und unabhängige Untersuchung zur Ermittlung von Schwachstellen, Korrektur- und Verbesserungsmaßnahmen.
- Gegebenenfalls kann das Mitwirken der Arbeitsschutzbeauftragten und Sicherheitsfachkraft bei der Planung und Durchführung der Audits sowie bei der Bewertung der Ergebnisse hilfreich sein.

Neben dem internen Audit erfüllen auch andere Vorgehensweisen eine ähnliche Funktion. Dazu gehören:

- Selbstbewertung des Mitarbeiters oder der Gruppe,
- Fremdbewertung durch andere Gruppen,
- Bewertung durch die Führungskraft,
- Bewertung durch den Koordinator.

In diesem Rahmen kann beispielsweise festgestellt werden,

- ob sich alle Mitarbeiter an die Standards halten,
- ob alle Mitarbeiter so weit qualifiziert sind, dass sie den Sinn der KVP-Maßnahmen und den aktuellen Stand der Umsetzungen kennen,

- ob die ▶ KVP-Tafeln gepflegt sind und aktuelle Informationen enthalten,
- ob die Einhaltung der drei Erfolgsfaktoren – schnelle Reaktion, transparente Prozesse, begründete Entscheidungen – funktioniert.

Für die Auditoren gelten folgende Grundsätze für das Formulieren von Fragen:

- Konkrete, eindeutige und zielgerichtete Fragen
- Offene Fragen
- Keine Suggestivfragen
- Fragen einzeln stellen, keine Doppelfragen verwenden
- Kurze und präzise Fragen

Auditplanung

- Festlegung von Datum, Zeit, Ort, Dauer
- Welcher Auditbereich wurde ausgewählt?
- Was sind die Auditziele?
- Welchen Umfang hat das Audit?
- Welche Auditmethoden kommen zur Anwendung? (Verwendete Prüflisten und Formulare)
- Wer ist beteiligt? (Organisation und Auditierende)
- Welche Qualifikation haben die Auditierenden?
- Wer benötigt den Auditbericht?

Praxistipps

Bei der Auditierung ist immer zu beachten: Wird die Prämienvergabe im KVP an den Erfolg von Audits gekoppelt oder drohen negative Konsequenzen bei Nichterreichung von Auditzielen, kann die interne Auditierung schnell zur Farce geraten.

Literatur und Links

www.kvp-factory.de

Kaizen

Begriff _____ Kaizen bedeutet das Bestreben, eine Veränderung zum Guten herbeizuführen. Dieses Streben nach Verbesserung bildet in der japanischen Produktionsphilosophie und im Lean-Management-Konzept nach Toyota einen integralen Arbeitsbestandteil aller Mitarbeiter.

Motto _____ «Denk jeden Tag darüber nach, was du besser machen kannst als gestern.»

Merkmale _____ Aus dieser Aufforderung zum Handeln, um etwas Besseres als das bereits Vorhandene zu schaffen, wurde in Japan das ganzheitliche Managementkonzept Kaizen entwickelt und dessen konkrete Umsetzung in den Unternehmen vorangetrieben.

- Kaizen wird oftmals als Synonym für den KVP gebraucht. Als «japanisches Gegenstück» weist es in der Tat eine sehr große Schnittmenge mit dem KVP auf. Als mögliche Unterschiede kann die tiefere kulturelle Verankerung (jeder Mitarbeiter _denkt_ Kaizen) und die ausnahmslos konsequente Anwendung von Kaizen im Alltag gesehen werden, wohingegen europäische Unternehmen gelegentlich Ausnahmen machen («Tagesgeschäft geht vor», «Produktionsdruck» etc.)
- Im Kaizen gibt es zwei zentrale Begriffe: «Gemba» bezeichnet den «Ort des Geschehens», also genau den Punkt im Unternehmen, wo das Problem oder die Verbesserung auftritt. «Gembutsu» hingegen ist die Aufforderung: «Betrachte die Dinge (vor Ort), wie sie wirklich ablaufen.» Die Berücksichtigung beider Prinzipien gilt für Mitarbeiter aller Hierarchieebenen und sorgt für eine schnelle und praxisnahe Umsetzung im Team.

An einem Packtisch moniert der Mitarbeiter, dass das benötigte Material bei der Anlieferung immer im Weg stehe. Das Problem kann durch Zeigen der Bewegungseinschränkung durch den verstellten Packtisch von allen Mitarbeitern nachvollzogen werden. Nach kurzer Absprache vor Ort wird ein neuer Platz für die Anlieferung definiert und provisorisch mit Klebeband markiert. Die Änderung wird einen Tag lang ausprobiert, dann wird entschieden, ob sie übernommen wird. Der Vorteil bei diesem Verfahren ist, dass die ganze Gruppe das Problem kennt, über den Lösungsvorschlag informiert ist und so die möglichen Auswirkungen auf die eigene Arbeit abschätzen kann. Weiterhin sind alle Beteiligten darüber informiert, wann die Umsetzung überprüft wird.

- Im Rahmen der Kaizen-Philosophie wird davon ausgegangen, dass sich die Kundensicht und damit die Anforderungen an Produkte und Dienstleistungen permanent verändern. Um diesen Veränderungen gerecht zu werden, ist ein kontinuierlicher Anpassungsprozess in kleinen Schritten – eben Kaizen – nötig.
- Dabei wird zunächst auf die Qualität der Produkte, deren weitere Verbesserung und damit auf Kundenzufriedenheit fokussiert. Im Weiteren sind Strukturierung, Systematisierung und Standardisierung zentrale Anliegen des Kaizen. Speziell die Vermeidung von Verschwendung wie sie beispielsweise in der ▶ Rote-Karte-Aktion Anwendung findet, ermöglicht es auch ungeübten Mitarbeitern, sich in die Kaizen-Gedankenwelt hineinzufinden.
- Für Kaizen ist eine konsequente Dokumentation unerlässlich, um die erreichten Veränderungen sichtbar zu machen.

Praxistipps

Durch die enge Einbindung aller Mitarbeiter in den Prozess der Mitgestaltung von Produktion und Verwaltung wird eine hohe Unternehmensidentifikation gefördert, die sich wiederum in der Motivation zur Beteiligung auswirkt.
- Kaizen ist kein hierarchisches Prinzip. Jeder Mitarbeiter, egal ob einfacher Arbeiter oder Manager, ist verpflichtet, danach zu handeln.
- Die Prämierung im Kaizen erfolgt häufig nicht nach der erzielten Einsparung, sondern nach der besten oder originellsten Umsetzung und Anwendung des Prinzips (▶ Wertschätzung und Anerkennung).

Literatur und Links

Imai, M. (1997): Gemba Kaizen.

Imai, M. (2005): Kaizen.

Kennzahlen

Begriff ——— Mit Kennzahlen wird die Qualität des KVP dokumentiert und vergleichbar gemacht. Kennzahlen können hierbei sowohl zur Zielvereinbarung als auch zur Überprüfung der Zielerreichung, wie sie beispielsweise im Rahmen einer KVP-Jahresbilanz erfolgt, dienen.

Formen ——— Im KVP gibt es drei Grundtypen von Kennzahlen:

- *Prozesskennzahlen:* Sie messen direkte Variablen des KVP und eigenen sich am besten, um den Erfolg von KVP zu dokumentieren. Da KVP in unterschiedlichen Firmen und Branchen sehr unterschiedlich durchgeführt werden, sind diese Zahlen überbetrieblich häufig nicht vergleichbar. Beispiele für Prozesskennzahlen sind:
  - ☐ Anzahl der abgegebenen KVP-Vorschläge pro Zeiteinheit
  - ☐ Durchschnittliche Anzahl der Vorschläge je Bereich oder Mitarbeiter
  - ☐ Anzahl KVP-Projekte
  - ☐ Anzahl umgesetzter Verbesserungsvorschläge pro Mitarbeiter und Jahr im Verhältnis zu den nicht umgesetzten oder abgelehnten Vorschlägen
  - ☐ Beteiligungsgrad: Anzahl aktiver Teilnehmer im Verhältnis zur Gesamtanzahl eingebundener Mitarbeiter
  - ☐ Durchschnittliche Reaktionszeit von der Einreichung des KVP-Vorschlags bis zur ersten Rückmeldung
  - ☐ Durchschnittliche Realisierungsdauer von der Einreichung der KVP-Karte bis zur Umsetzung

- *Effizienz- oder Rationalisierungskennzahlen:* Sie messen den direkten finanziellen Nutzen von KVP. Werden ausschließlich diese Kennzahlen verwendet, kann dadurch allerdings das Problem entstehen, dass der Fokus des KVP sehr einseitig auf Rationalisierung ausgerichtet wird. Kennzahlen dieser Art sind beispielsweise:
  - ☐ Effizienzkennzahlen aus Schwerpunktworkshops wie Maschinenverfügbarkeit, Rüstzeit, Stillstandszeiten
  - ☐ Durchschnittlicher Nutzen aus KVP je eingereichtem Vorschlag
  - ☐ Durchschnittlicher Nutzen aus KVP je prämienberechtigtem Mitarbeiter oder Gruppe

- *Globale Prozess- und Ergebniskennzahlen:* Sie sind in der Regel wenig aussagekräftig. Zwar zeigen Befragungen zu den ▶ Effekten von KVP häufig Verbesserungen im Bereich Qualität, Durchlaufzeit und Kundenzufriedenheit, diese Effekte jedoch direkt und ausschließlich auf KVP zurückzuführen, ist im Einzelfall schwierig. Beispiele hierfür sind:
  - ☐ Qualität
  - ☐ Durchlaufzeiten
  - ☐ Energieverbrauch
  - ☐ Kundenzufriedenheit
  - ☐ Unternehmensgewinn

Kennzahlen werden durch den ▶ KVP-Moderator (je Bereich) oder den ▶ KVP-Koordinator (unternehmensweit) erfasst und vor Ort veröffentlicht. Die Visualisierung der Kennzahlen kann an der ▶ KVP-Tafel erfolgen, um auch den Mitarbeitern den aktuellen Stand und die Tendenz zu vermitteln. Die Bereichsführungskräfte sollten anhand der Kennzahlen regelmäßig das Gespräch mit den Mitarbeitern suchen, um so die Nachhaltigkeit des KVP zu sichern. Zudem können mit Hilfe der Kennzahlen auch Zielvereinbarungen mit den einzelnen Teams oder Gruppen getroffen werden.

_____**Praxistipps**

Da beim KVP die Einfachheit ein Grundprinzip ist, sollten in der Praxis drei bis maximal fünf Kennzahlen ausreichen, um den Prozess abzubilden.
- Versuchen Sie, nicht nur den Ertrag von KVP mit Kennzahlen zu erfassen, sondern behalten Sie immer auch den Aufwand (wenigstens als grobe Schätzung) im Auge.
- In der Kultur des systematischen Hinterfragens von Bestehendem, die durch die Einführung eines KVP entsteht, sollten Sie nicht davor zurückschrecken, Kennzahlen zu modifizieren oder wegzulassen, wenn sie nicht mehr aussagefähig sind.

_____**Literatur und Links**

Menzel, F. (2009): Produktionsoptimierung mit KVP.

Begriff _____ Als Kick-off-Veranstaltung bezeichnet man den offiziellen Start des KVP für einen Bereich oder das gesamte Unternehmen. Der Kick-off markiert gleichzeitig den Übergang von der Projektphase «Einführung von KVP» zur Prozessphase «Implementierung des KVP» als laufenden Prozess.

Inhalte _____ Abgesehen von der vorbereitenden ▶ Informationsstrategie zur Einführung, die die Mitarbeiter auf das Thema vorbereitet hat, ist jetzt der Zeitpunkt, die Mitarbeiter aktiv einzubinden und den KVP für sie erlebbar zu machen.

Der Inhalt des Mitarbeiter-Kick-off sollte nicht mit Informationen oder Details und Zusatzprogramm überladen sein. Inhaltlich sollten im Rahmen des Mitarbeiter-Kick-off folgende drei Punkte unbedingt beantwortet werden:

1. Was genau wollen wir? Was wird mit der KVP-Einführung im Unternehmen bezweckt, welche Ziele werden verfolgt, wie wirkt sich der KVP auf die tägliche Arbeit aus, welchen Stellenwert hat der KVP innerhalb des Gesamtrahmens der Veränderungen, wie ist er organisatorisch und personell in die Firma eingebunden?
2. Wie gehen wir konkret vor? Was sind die einzelnen Schritte, was sind Teilziele? Was passiert, wenn ich einen KVP-Vorschlag schreibe? Oft halten einfachste Dinge die Mitarbeiter von der Teilnahme ab, zum Beispiel Unkenntnis darüber, wo die Vorschläge abzugeben sind. Erklären Sie so einfach wie möglich den Ablauf von der Idee zum KVP-Vorschlag bis zur Umsetzung.
3. Wie kann man teilnehmen? Welche konkreten Möglichkeiten gibt es für den Mitarbeiter, sich zu beteiligen, worauf ist zu achten?

Die Einführungsveranstaltung für die Mitarbeiter dauert normalerweise 30 bis 60 Minuten. Es ist sinnvoll, wenn Mitglieder aus der Geschäftsleitung und dem Betriebsrat anwesend sind, um die Wichtigkeit und den Stellenwert des KVP im Unternehmen zu verdeutlichen und um auf mögliche Fragen antworten zu können.

Im Rahmen des Kick-off sollten die jeweiligen Ansprechpartner für Fragen rund um das Thema KVP vorgestellt und mit Bild an der ▶ KVP-Tafel visualisiert werden. Gleichzeitig kann man auf die bereits erarbeiteten ▶ FAQ hinweisen, die ebenfalls ausgehängt werden können.

Ziel der Veranstaltung ist das Mobilisieren der Mitarbeiter. Daher sollte, neben einem kurz gehaltenen Theorieteil (z.B. die acht Grundsätze der ▶ KVP-Philosophie), der Schwerpunkt auf dem offenen Dialog mit den Mitarbeitern liegen. Umfangreiche Power-Point-Präsentationen wirken unserer Erfahrung nach an dieser Stelle eher demotivierend.

Praxistipps

Aktivieren Sie die Mitarbeiter, indem Sie den KVP selber im Rahmen eines Ideenwettbewerbes vorstellen.
- Lassen Sie die Mitarbeiter Namen für den KVP vorschlagen oder ein Logo kreieren, und honorieren Sie die eingereichten Vorschläge.
- Erklären Sie im Rahmen einer solchen Veranstaltung das KVP-System und lassen Sie die Mitarbeiter KVP-Karten und KVP-Tafel nutzen, um Berührungsängste abzubauen.
- Hängen Sie selbsterklärende Zeichnungen, die den Ablauf eines KVP-Vorschlags von der Idee bis zur Festlegung des neuen Standards auf einer DIN-A4-Seite beschreiben, in jeder Abteilung aus.

Literatur und Links

Stolzenberg, K./Heberle, K. (2009): Change Management.

KVP-Formate

Begriff ___ Da es keinen allgemeinen Standard für KVP gibt, finden sich in Literatur und Praxis sehr verschiedene Ausprägungen. Sie unterscheiden sich vor allem durch die Protagonisten und den Grad der Mitarbeiterbeteiligung, die je nach Ziel und Unternehmen variieren können.

Ausprägungen ___ Vereinfacht dargestellt, lassen sich drei Grundtypen des KVP identifizieren, die in der praktischen Anwendung jedoch häufig kombiniert oder in Mischformen auftreten, ohne dass eine klare Abgrenzung möglich wäre bzw. sinnvoll ist. Es sind dies:

❶ der Mitarbeiter-KVP (auch Blitz- oder Basis-KVP), der der ursprünglichen KVP-Idee wohl am stärksten entspricht. Hierfür werden im Monat 30 bis 120 Minuten Zeit zur Bearbeitung benötigt. Diese Zeit wird in kleine Blöcke aufgeteilt, um über wahrgenommene Probleme oder Ideen im Sinne von Lösungsvorschlägen zu beraten. Es kann dies beispielsweise im Rahmen der regulären Gruppenbesprechungen geschehen oder als regelmäßige, fünfminütige Veranstaltung vor dem Arbeitsbeginn. Der Mitarbeiter-KVP wird so ein Teil der täglichen Arbeitsaufgabe und umfasst kleine und kleinste Verbesserungen direkt am Arbeitsplatz. Der zentrale Gedanke bei dieser Form ist die Möglichkeit, Maßnahmen anzusprechen und sie sofort am Ort des Geschehens auszuprobieren. Ergänzend werden Vorschläge, die größere Veränderungen betreffen, separat zum Beispiel in Workshops bearbeitet.

❷ der Experten-KVP, der die Verbesserungen und Umsetzungen stärker auf die Schultern einzelner Fachleute legt und bereichsübergreifend auf Prozesse ausgerichtet ist. Ziel des Experten-KVP ist es, die Prozesse im Unternehmen bezüglich der Zielsetzung systematisch zu evaluieren und zu optimieren. Es kommt hierbei nicht auf den einzelnen Arbeitsplatz, sondern auf das prozessübergreifende Zusammenspiel an. Die Teilnehmer rekrutieren sich daher auch aus Fach- und Führungskräften, die bereichsübergreifendes Prozessdenken beherrschen und über die nötige Fachkenntnis verfügen, um die Auswirkungen von Veränderungen abschätzen zu können. Das Ziel des Experten-KVP besteht darin, im Rahmen eines zeitlich begrenzten Projektes eine möglichst große Wirkung zu erzielen. Somit treten die «klassischen» KVP-Aspekte der Beteiligung und der Kontinuität zunächst in den Hintergrund.

③ der Methoden-KVP, der die Fokussierung auf spezifische ▶ Methoden im KVP vorsieht. Hierbei spielt das von der Unternehmensführung ausgegebene strategische Ziel eine entscheidende Rolle. Die Durchführung erfolgt häufig in kleineren Workshops, die bei Bedarf in zeitlichem Abstand wiederholt und fortgeführt werden.

KVP-Formate

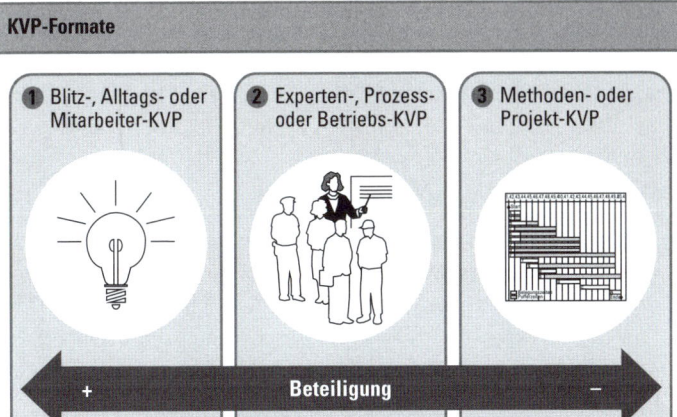

❶ Blitz-, Alltags- oder Mitarbeiter-KVP

❷ Experten-, Prozess- oder Betriebs-KVP

❸ Methoden- oder Projekt-KVP

Beteiligung

Praxistipps

Unabhängig davon, welches KVP-Format Sie einsetzen, ist es unerlässlich, den Gesamtzusammenhang zwischen dem KVP und dem unternehmenseigenen Produktionssystem herauszustellen, um das Verständnis für und die Identifikation mit der Aufgabe für die Teilnehmer zu gewährleisten.

Literatur und Links

www.kvp-factory.de

KVP im Büro

Begriff _____ Der KVP im Büro umfasst die Anwendung des Prinzips der kontinuierlichen Verbesserung in allen administrativen Bereichen, wobei im Vorgehen andere Methoden zum Einsatz kommen als in der Produktion.

Nutzen _____ Begreift man das Unternehmen als Einheit, ist es zwangsläufig notwendig, die produzierenden und die administrativen Bereiche des Unternehmens gemeinsam zu betrachten, um so auch Schnittstellen und Übergabeverluste erkennen und beheben zu können. Das Ziel sollte schließlich ein durchgehender Fluss von Informationen sein, der den optimalen Produkt- und Materialfluss ermöglicht.

Die fünf Säulen des KVP im Büro sind:

1. Analyse des ▶ persönlichen Arbeitsstils im Hinblick auf Wertschöpfung und Verschwendung sowie auf Zeitdiebe. Der Einfluss des persönlichen Biorhythmus auf die Arbeitsleistung.
2. Die Organisation des Arbeitsplatzes, Ordnung und Sauberkeit. Die benötigten Arbeitsmittel sind vorhanden und nach Gebrauchshäufigkeit angeordnet.
3. Die Büroorganisation. Es gibt Standards für gemeinsam genutzte Infrastruktur, wie Ablagen, Ordner, Archiv oder auch Festplattenlaufwerke.
4. Die Prozessanalyse und das Prozessdesign. Vergleichbar mit dem Wertstrom-Mapping in der Produktion wird in der Prozessanalyse abteilungsübergreifend ein konkreter Arbeitsablauf, zum Beispiel das Anlegen eines Auftrags, inhaltlich und zeitlich erfasst. Durch die Visualisierung von Bearbeitungs- und Liegezeiten der Information oder des Auftrags werden Potenziale abgeleitet und in ein neues Prozessdesign überführt.
5. Die Standardisierung und Eigenverantwortung. Visualisierung der neuen Standards und Qualifizierung aller betroffenen Mitarbeiter.

Analog zu den sieben Arten der Verschwendung in der Produktion gibt es auch in den administrativen Bereichen typische Verschwendungsquellen.

Die sieben Arten der Verschwendung im Büro

Überproduktion	▪ Zu viele Ausdrucke, Werbebriefe, ▪ fehlende E-Mail-Regeln (Mails «an alle»), ▪ unnötige Kopien, unnötige Dokumente
Wartezeiten	▪ Termine, Warten auf Informationen, Suchaufwand bei unorganisierter Ablage oder fehlenden Standards (z. B. die Urlaubsvertretung, die sich nicht auskennt), lange Telefonate
Transport	▪ Hauspost ▪ volles Postfach auf dem E-Mail-Server
Fehler in der Organisation des Arbeitsprozesses	▪ Druckerausfälle, Störungen, Telefon ins Leere laufen lassen ▪ unterschiedliche Laufwerkstrukturen ▪ nicht standardisierte Abläufe ▪ unnötige Besprechungen und Seminare
Bestände	▪ Archiv, Ordner, Arbeitsaufträge, Laufwerke, Ablagen («Volltischler»)
Bewegung	▪ Lange Wege zu Besprechungen, Reiseaufwand (statt Einsatz neuer Medien)
Qualitätsfehler	▪ Falsch ausgefüllte Formulare, fehlende Informationen, falsch abgelegte Dokumente und Akten

_____ **Praxistipps**

KVP im Büro ist häufig von größeren Anfangsschwierigkeiten begleitet als die Einführung in der Produktion.

▪ Durch die geringere Standardisierung der Arbeit sind mehr Freiheitsgrade vorhanden. Der KVP wird hier oft als Beschneidung dieser persönlichen Gestaltungsfreiheit empfunden. Es ist daher in besonderem Maße auf die Freiwilligkeit und das einvernehmliche Umsetzen zu achten.

▪ Die Möglichkeit, auszuprobieren und Veränderungen für einen definierten Zeitraum probeweise umzusetzen, wird hierbei oft als entlastend empfunden.

_____ **Literatur und Links**

Hatzelmann, E./Held, M. (2005): Zeitkompetenz.

Leikep, S./Bieber, A. (2006): Der Weg – Effizienz im Büro mit Kaizen-Methoden.

KVP-Karte

Begriff ____ Die KVP-Karte ist ein einfaches Standardformular, auf dem die Probleme, Ideen oder Anregungen durch den Mitarbeiter notiert werden.

Vorgehen ____ Der Mitarbeiter nutzt die Karte, um eine Idee, einen Vorschlag oder ein Problem zu notieren, schreibt seinen Namen als Einreicher und das Datum dazu und hängt die Karte an den Bereich «Neu» an der ▶ KVP-Tafel. Bereits kurze Zeit später (maximal fünf Arbeitstage!) hat die Karte einen namentlich genannten Bearbeiter (▶ KVP-Moderator), der inhaltliche Rückfragen klärt und mit der verantwortlichen Führungskraft den nächsten Schritt konkret definiert und mit einem zeitnahen Datum fixiert. So entsteht auf der Karte eine Bearbeitungshistorie, die für jeden, besonders aber für den Einreicher des KVP-Vorschlags, transparent und nachvollziehbar ist.

■ Für die unmittelbaren Ideen des Mitarbeiters sowie zur sofortigen schriftlichen Fixierung von Problemen gibt es die KVP-Karte, die allen Mitarbeitern offen zugänglich ist. Sie wird an definierten Plätzen in ausreichender Anzahl ausgelegt, sodass sie im Bedarfsfall dem Mitarbeiter jederzeit zur Verfügung steht.

■ KVP-Karten sollten grundsätzlich so einfach wie möglich aufgebaut sein. Pflichtfelder sind der Name des Einreichers, um eventuelle Verständnisfragen klären zu können, sowie die Beschreibung der Idee oder des erkannten Problems.

■ Auf der Vorderseite der KVP-Karte kann das Problem und, falls vorhanden, ein Lösungsvorschlag notiert werden. Auf der Rückseite wird dann später die erfolgte Bearbeitung und Umsetzung dokumentiert. Dieses kleine Formular soll den Mitarbeiter unterstützen, keine Zeit zu verlieren, sondern sofort zu handeln.

■ Die ausgehängten Karten haben zudem den Effekt, dass auch andere Mitarbeiter die Ideen lesen können und sich möglicherweise spontan mit weiteren Ideen am KVP beteiligen.

■ Der Umgang mit den KVP-Karten sollte in der ▶ Kick-off-Veranstaltung gleich praktisch geübt werden, um Berührungsängste der Mitarbeiter abzubauen.

■ KVP-Karten werden durch den KVP-Moderator beschafft und sollten auch bei den Führungskräften zu bekommen sein.

KVP *factory*

KVP – der kontinuierliche Verbesserungsprozess
Angaben zum Vorschlag

Name des Absenders   Abteilung   Datum

Beschreibung des Problems oder der Idee

Beschreibung des Lösungsvorschlags

Angaben zur Entscheidung und Umsetzung   Wer   Bis wann

☐ Genehmigt   Weil:

☐ Weitere Prüfung

☐ Abgelehnt

Praxistipps

Der Grundgedanke beim KVP lautet: «Wichtig ist, dass die Probleme und Ideen aufgeschrieben werden!»

■ Bei einem hohen Anteil fremdsprachiger Mitarbeiter kann es daher hilfreich sein, einen Ansprechpartner (Schreiber, Formulierer oder Übersetzer) zu definieren. Oftmals ist die sprachliche Verständigung gegeben, aber das Aufschreiben von Ideen und Gedanken stellt ein unüberwindbares Hindernis dar und hält möglicherweise motivierte Mitarbeiter von der Teilnahme am KVP ab. Daher sollten Eintragungen auch in der Muttersprache erfolgen können. Übersetzen kann man sie im Nachhinein.

■ Statt die Karten direkt an die Tafel zu hängen, nutzen einige Firmen einen Briefkasten, der täglich geleert wird.

■ Geben Sie den Mitarbeitern auch die Möglichkeit, anonym Karten zu schreiben. Zwar ist es so nicht möglich, inhaltliche Rückfragen zu klären, aber die Karten können zumindest in der Gruppe diskutiert werden.

KVP-Koordinator

Begriff_____ Der KVP-Koordinator steuert die interne Koordination und die unternehmensweite Einführung des KVP. Weiterhin ist er für die konzeptionelle Weiterentwicklung des KVP verantwortlich. Er koordiniert den Einsatz der Moderatoren und stellt durch den Austausch mit verschiedenen ▶ KVP-Moderatoren die Vernetzung der gefundenen Verbesserungen in andere Bereiche sicher. Zudem dokumentiert und prüft er die ▶ Kennzahlen des KVP und bereitet sie und einzelne Workshopresultate für den Steuerungskreis auf.

Aufgaben des KVP-Koordinators an der Schnittstelle mit ...	
... dem Steuerungskreis	■ Abstimmung der strategischen Inhalte ■ Rückmeldung von Kennzahlen und Auditergebnissen ■ Klärung von offenen Fragen und Themen aus der täglichen KVP-Umsetzung ■ Budgetfragen oder Eingriffe in den Produktionsablauf
... den Moderatoren	■ Koordination des zeitlichen und inhaltlichen Vorgehens ■ Coaching und Unterstützung z. B. bei Workshops ■ Klärung des Qualifizierungsbedarfs der Moderatoren ■ Know-how-Transfer zwischen den KVP-Teams
... den Führungskräften	■ Planung der KVP-Aktivitäten in den Bereichen im Hinblick auf Zeit, Ressourcen, Maschinen, Personal ■ Abstimmung der Bedarfe mit dem Produktionsplan ■ Ansprechpartner bei allen KVP-Fragestellungen
... den Mitarbeitern	■ Aushändigung von Prämien ■ Teilnahme an Auswertungen und Abschlusspräsentationen von Workshops ■ Stichprobenartiges Überprüfen der Einhaltung von Standards im Tagesgeschäft

Die Vielzahl der bisher genannten Aufgaben macht deutlich, dass die Position des KVP-Koordinators eine verantwortungsvolle und wichtige Rolle im Gelingen des KVP spielt. Man kann kaum davon ausgehen, dass ein Mitarbeiter alle Fähigkeiten für diese Position mitbringt und sofort in der Lage ist, die Aufgabe als KVP-Koordinator auszufüllen. So braucht der KVP-Koordinator Zeit, in seine Aufgabe hineinzuwachsen. Es darf daher von Seiten der Führung keinesfalls zugelassen werden, dass der Koordinator in die Klemme zwischen der KVP-Umsetzung auf der einen Seite und dem Druck, der durch einen Produktionsstillstand hervorgerufen werden würde, auf der anderen Seite gerät.

Qualifikation_____ Die genannten Aufgaben führen zu einem anspruchsvollen Anforderungsprofil für den KVP-Koordinator. Gesucht wird also ein Mitarbeiter,

- der offen für Neues ist und der ein wechselndes Tagesgeschäft als Herausforderung betrachtet;
- der sich in den einzelnen Unternehmensteilen auskennt und die Unternehmenszusammenhänge versteht;
- der Praktiker ist, den Mut hat, mit Provisorien zu arbeiten, und in der Lage ist, zu improvisieren;
- der Akzeptanz bei seinen Kollegen und den Führungskräften hat;
- der sich durch soziale Kompetenz auszeichnet und mit Widerständen und Widersprüchen umgehen kann;
- der Wissen strukturieren und weitergeben kann.

In der Regel wird man zunächst niemanden mit genau diesem Qualifizierungsprofil im eigenen Unternehmen finden. Einem Bewerber von außen hingegen fehlt als wichtiges Kriterium die Kenntnis der Firma. Also heißt es, den Koordinator in spe im Prozess der Arbeit zu qualifizieren. Bei der Auswahl eines Bewerbers sollte daher vor allem auf die «soziale Passung», und dann erst auf das fachliche Qualifikationsniveau geachtet werden. Es ist in der Regel einfacher, inhaltliche Qualifikationen aufzubauen, als die Persönlichkeit eines Bewerbers zu verändern.

_____**Praxistipps**

Der KVP-Koordinator verfügt über umfangreiche Fähigkeiten und Kenntnisse, die ihn auch für weitere Aufgaben im Unternehmen interessant machen. Es ist daher ratsam, für diese Position auch rechtzeitig einen Stellvertreter aufzubauen.
Auch im Hinblick auf sich bildende Wissensmonopole ist es hilfreich, neben der Funktion des KVP-Koordinators allmählich noch weitere Mitarbeiter, zum Beispiel besonders erfolgreiche KVP-Moderatoren, in das Wissen dieser Funktion einzubinden.

_____**Literatur und Links**

Menzel, F. (2009): Produktionsoptimierung mit KVP.

KVP-Moderator

Begriff_____ Der KVP-Moderator ist Dienstleister für die Mitarbeiter und deren erster Ansprechpartner in allen Belangen des KVP. Er betreut den KVP im Rahmen seiner Arbeitszeit mit 2 bis 3 Stunden in der Woche und nimmt als vorbereitende Qualifikation an einer ▶ Schulung für KVP-Moderatoren teil.

Aufgaben_____ Der Moderator ist üblicherweise für ein oder zwei Mitarbeiterteams von insgesamt jeweils 5 bis 12 Personen zuständig. Er unterstützt den KVP, indem er folgende Aufgaben übernimmt:

- Pflege der ▶ KVP-Tafel im Hinblick auf Ordnung und Sauberkeit, Zugänglichkeit und Verfügbarkeit der ▶ KVP-Karten sowie Aktualität der ausgehängten Informationen.
- Begleitung der Mitarbeiter bei der Einführung des KVP in ihrem Bereich, Vorstellung des Grundgedankens des KVP, Klärung der offenen Fragen, die den organisatorischen Ablauf des KVP im Tagesgeschäft betreffen.
- Aufbereitung der abgegebenen KVP-Vorschläge hinsichtlich Verständlichkeit oder Umfang durch Rückfragen beim Einreicher. Der KVP-Moderator sollte die Karten so weit aufbereiten, dass er sie seinem Vorgesetzten zur Entscheidung über die Weiterbearbeitung vorlegen kann.
- Unterstützung der Mitarbeiter beim Formulieren von KVP-Karten.
- Bei umgesetzten Veränderungen organisiert er den Informationsfluss, damit alle betroffenen Mitarbeiter eingebunden sind.
- Zielorientierte Moderation von ▶ Stundenworkshops oder vergleichbaren Veranstaltungen zur Problembearbeitung.
- Verantwortung für die Einhaltung der Spielregeln, hinweisen auf Verstöße innerhalb der Gruppe.
- Dokumentation von Ergebnissen im festgelegten Medium (Tabelle, Datenbank, ▶ KVP-Software). Fotografische Dokumentation in Form von Vorher-nachher-Bildern, wo es möglich ist.

- Austausch mit anderen KVP-Moderatoren, um ein Ideenmarketing von Vorschlägen mit bereichsübergreifender Relevanz aktiv voranzutreiben.
- Er stimmt sich mit dem ▶ KVP-Koordinator über die Zielsetzung des KVP im betreffenden Bereich ab und fordert im Bedarfsfall Unterstützung an.
- Koordination bereichsinterner Verbesserung im Hinblick auf Ressourcenplanung, Materialbereitstellung etc.
- Aufbereitung der KVP-Kennzahlen für die von ihm betreuten Teams.
- Er wirkt durch seine Vorbildfunktion und sein Engagement als Motivator. So sollte der KVP-Moderator den Prozess immer im Gespräch halten und die Mitarbeiter beim Auftreten täglicher Ärgernisse auf die Möglichkeit, genau hier einen KVP-Vorschlag zu schreiben, aufmerksam machen.

Praxistipps

Das beschriebene Aufgabenprofil des KVP-Moderators ist vielschichtig. Die wichtigsten Eigenschaften, die bei der Auswahl von KVP-Moderatoren durch den ▶ Steuerungskreis beachtet werden müssen, sind die Akzeptanz unter den Kollegen und gute kommunikative Fähigkeiten.

- Selbstverständlich ist der KVP-Moderator neben seiner Dienstleisterfunktion auch Mitglied der Gruppe, sodass auch von ihm KVP-Vorschläge eingereicht werden können.
- Um die Aufgabe als Moderator für potenzielle Interessenten attraktiver zu machen, kann sie als betriebsinterne Qualifikation, zum Beispiel in Form eines Zertifikates, im Arbeitszeugnis nachgewiesen werden.

Literatur und Links

Witt, J./Witt, T. (2006): Der kontinuierliche Verbesserungsprozess (KVP).

KVP-Philosophie

Begriff_____ Die KVP-Philosophie ist das geistige Grundgerüst des KVP. Sie lässt sich in acht Grundsätzen darstellen.

1. *Was gut geht, geht auch besser*
   Bestehendes muss immer wieder systematisch hinterfragt werden. Sobald man sich mit dem Erreichten zufriedengibt, rudert man nicht mehr nach vorne, sondern treibt zurück. Nur wenn gefundene Verbesserungen standardisiert und dokumentiert werden, ist sichergestellt, dass die Mitarbeiter nicht in den alten Trott zurückfallen und der KVP insgesamt unglaubwürdig wird, da ihm die Nachhaltigkeit fehlt.

2. *Konsequente Ausrichtung am Gesamtziel*
   Ein erfolgreicher KVP lebt von der Freiheit der Gestaltung – nicht aber von Willkür oder Aktionismus. Oberste Zielsetzung ist daher immer das durch die Geschäftsführung definierte Gesamtziel. Daher ist ein Ist-Soll-Abgleich zwischen den Gesamtzielen des KVP und den Abteilungs- oder Teamzielen unerlässlich. Weiterhin wird durch das Gesamtziel der Prozess für die Mitarbeiter transparenter, und schließlich kann jeder Einzelne den eigenen Beitrag und den Beitrag seines Bereiches erkennen.

3. *Tun statt Reden*
   Probleme muss man dort lösen, wo sie auftreten. Für alle, die an der Problemlösung beteiligt sind, heißt dass, vor Ort zu gehen und aktiv zuzuhören. Erst dann können gemeinsam Verbesserungen umgesetzt und überprüft werden. Im Zweifelsfall neigt sich die Waagschale beim KVP zum Ausprobieren. Der Besuch vor Ort bringt häufig ein anderes Problembewusstsein und verbessert die Möglichkeit, sich Veränderungen vorzustellen.

4. *Synergie durch Gruppendenken*
   Der Grundgedanke des KVP, sich zunächst mit den Themen zu beschäftigen, die im eigenen Bereich auftreten, soll bewirken, dass sich die Mitarbeiter aktiv mit ihrem Arbeitsplatz und ihrer Arbeit beschäftigen, statt mit dem Finger auf andere Abteilungen zu zeigen. Die Gruppe sieht Probleme, die der Einzelne selbst nicht mehr wahrnimmt, und kann Ideen entwickeln, auf die der Einzelne im Zweifelsfall nicht kommen würde. Der Ideenaustausch und die unmittelbare Umsetzung vor Ort gewährleisten einen erfolgreichen KVP.

5. *Initiative fördern – den KVP vorleben*

Nachhaltige Veränderungen kann man nicht verordnen, man muss sie vorleben. Autoritäre Weisungen oder abfällige Bemerkungen können schnell sämtliche Initiative der Mitarbeiter zum Erliegen bringen. Auch im Hinblick auf die gefundenen Verbesserungen gilt es, für alle Beteiligten eine Vorbildfunktion einzunehmen und jede Verbesserung, so klein sie auch sein mag, zu begrüßen. Wer Verbesserungen nur nach ihrem materiellen Wert beurteilt, verhindert die Entstehung einer nachhaltigen Verbesserungskultur.

6. *Das Problem als Chance sehen*

Verändern bedeutet, gewohnte Pfade zu verlassen und etwas Neues auszuprobieren. Das beinhaltet immer auch die Möglichkeit, Fehler zu machen. Nicht jede Veränderung ist von Erfolg gekrönt. Wo es keine Probleme gibt, gibt es keine Verbesserungen. Der Mensch ist die Stellschraube, die darüber entscheidet, ob ein Fehler eine Chance oder eine Krise ist.

7. *Messbare Ergebnisse produzieren*

Das Motto «You can't change what you can't measure» («Man kann nichts verändern, was man nicht messen kann») bringt es auf den Punkt. Nur messbare Ergebnisse sind Ergebnisse, die zählen. Gleichzeitig schützt das «Sprechen in Zahlen» auch davor, dass einzelne Kritiker die erzielten Erfolge kleinreden. Wenn über ein Problem oder eine Lösung geredet werden soll, sind (Kenn-)Zahlen nötig, um die gegenwärtige Situation und den Zielzustand objektiv darstellen zu können.

8. *Permanenter Wertschöpfungsfokus*

Alle Veränderungen und Verbesserungsvorschläge sollten die Verringerung der Verschwendung bzw. die Erhöhung der Wertschöpfung zum Ziel haben. Da Verschwendungen die unangenehme Eigenschaft haben, sich gegenseitig zu bedingen, sollte das Problem oder die Verbesserung immer ganzheitlich betrachtet werden, um auszuschließen, dass die Verbesserung an einem Arbeitsplatz Verschwendungen größeren Ausmaßes am nächsten Arbeitsplatz nach sich zieht.

Literatur und Links

Menzel, F. (2009): Produktionsoptimierung mit KVP.

KVP-Review

Begriff ——— Als KVP-Review bezeichnet man einen turnusmäßig durchgeführten Rückblick auf den KVP insgesamt oder auf ausgewählte Prozessabschnitte wie zum Beispiel den Pilotbereich.

Durchführung ——— Für das Review gibt es keinen festgelegten Ablauf. Als Spielregel hat sich bewährt, alles in Frage stellen zu dürfen. Teilnehmen sollten alle Mitarbeiter aus dem betreffenden Bereich, die beteiligten Moderatoren und der Koordinator. Auch die Anwesenheit des externen Beraters und der Geschäftsführung sowie der Produktionsleitung hat sich als vorteilhaft erwiesen, um den Stellenwert zu verdeutlichen und gegebenenfalls unmittelbar auf Probleme reagieren zu können.

Typische Review-Fragen sind:

- Was ist bisher gut gelaufen und was nicht? Dies wird beurteilt im Hinblick auf:
  □ beteiligte Personen,
  □ Organisation und Ablauf,
  □ erfolgte Umsetzungen,
  □ Auswirkungen auf Ziele und Kennzahlen.

- Wie wollen wir es in Zukunft verbessern? Was muss passieren, damit wir noch erfolgreicher werden?

- Woran würden andere (Führungskräfte, Außenstehende etc.) merken, dass wir erfolgreicher werden?

- Angenommen, wir würden mit unserem heutigen Wissen denselben Prozess noch einmal starten, was würden wir anders machen?

- Welche zusätzlichen Herausforderungen sind bei der Gesamteinführung und bei der Fortsetzung zu beachten?

- Überprüfung der Qualifikation der ▶ KVP-Moderatoren.

Grundsätzlich sollte diese Auswertung im Rahmen eines Reviews, eines gemeinsamen Treffens aller Beteiligten, noch einmal mit den eigentlichen Zielen und Zielvereinbarungen abgeglichen werden. Dabei wird auch ein Plausibilitäts-Check hinsichtlich inhaltlicher Qualität, entstandener Kosten und benötigter Zeit durchgeführt. Die Auswertung geschieht sowohl auf individueller Ebene, zum Beispiel indem jeder Mitarbeiter in einem «Stimmungsbarometer» seine persönliche Stimmung dokumentiert, als auch auf der Gruppenebene im Rahmen des Abgleichs mit der Zielvereinbarung.

- Im Review des Pilotbereiches können ebenfalls die offenen Punkte wie KVP-Software, Prämierung etc. angesprochen werden.
- Zudem bietet sich im Review eine ideale Gelegenheit, dem Pilotteam für seine Bereitschaft und sein Engagement zu danken.

_____ **Praxistipps**

Die KVP-Moderatoren sollten nach dem Review in der Lage sein, anhand konkreter Umsetzungen und Verbesserungen an ihrem Arbeitsplatz allen interessierten Mitarbeitern die Vorteile der Umsetzung zu zeigen und Fragen zum Vorgehen zu beantworten. Dazu gehört auch das Vorführen der gefundenen Lösungen, das Präsentieren des optimierten Arbeitsplatzes oder das Demonstrieren veränderter Abläufe.

_____ **Literatur und Links**

www.kvp-factory.de

KVP-Software

Begriff _____ Die Begleitung und Auswertung von KVP-Programmen erfolgt besonders in größeren Unternehmen häufig über Softwareprogramme oder Intranet-Anwendungen, die die zentralen Funktionen des KVP abbilden. In vielen Unternehmen ergibt sich automatisch bei einer gewissen Menge von KVP-Vorschlägen der Wunsch nach Archivierung oder nach speziellen Such-, Filter- oder Analysefunktionen.

Voraussetzungen _____ Auf dem Markt gibt es eine Vielzahl unterschiedlicher Programme zum Thema Ideenmanagement, die allerdings häufig viel mehr Funktionen haben als tatsächlich gebraucht werden.

- Die Anwendung von KVP-Software erscheint zunächst als Vorteil, um den Bearbeitungsaufwand effizient zu gestalten. Man verspricht sich, ganz allgemein formuliert, von einer Software eine Arbeitserleichterung – ein Anspruch, dem die dann gekaufte Lösung in vielen Fällen nicht gerecht wird. Zudem gilt die Erkenntnis: Es kann nachher nur herauskommen, was vorher eingegeben wurde. Wunder sollte man sich von dem Erwerb einer Software also nicht erwarten.

- Die Bedienung von Computern und die Nutzung von Software können für die Mitarbeiter je nach Qualifikationsniveau selbstverständlich oder unmöglich sein. In der Praxis erleben wir oft Einschränkungen durch KVP-Software, die durch Angst bei der Bedienung, durch einen hohen Aufwand und unklare Zuständigkeiten bei der Pflege sowie durch unterschiedliche Eingaben oder Schlüsselworte (Unübersichtlichkeit, fehlende Einheitlichkeit der Suchbegriffe) zustande kommen. Tendenziell schränkt der Gebrauch von Software den Nutzerkreis ein.

- Firmeninterne Lösungen mit Tabellen oder einfachen Datenbanken decken den individuellen Bedarf häufig besser ab als eine gekaufte Standardsoftware. Letztlich gehen Geld- und Zeitbedarf bei der Einführung einer Software zu Beginn zu Lasten der Umsetzung von Vorschlägen.

- Es sollte also genau geprüft werden, wie groß der Aufwand ist und ob die Effekte, die man sich davon verspricht, die Implementierung rechtfertigen. Schließlich sollte bei der Auswahl einer KVP-Software darauf geachtet werden, nicht das zu kaufen, was technisch machbar und auf dem neuesten Stand ist, sondern das, was tatsächlich benötigt wird.

Typische Funktionen von Ideenmanagement-Software sind:

- Erfassen von KVP-Vorschlägen (elektronische ▶ KVP-Karte)
- Zentrale Verwaltung von Vorschlägen aus unterschiedlichen Bereichen, Werken, Standorten, Ländern
- Sortieren und verknüpfen der Vorschläge nach Ähnlichkeiten, z.B. grafisch über ein Mindmap
- Terminierung der Umsetzung und Erinnerungs-E-Mail bei längerer Bearbeitungsdauer und bei Termin- oder Zeitüberschreitung
- Darstellung des Bearbeitungsstandes, Vorlagen für die Dokumentation
- Archivfunktion für umgesetzte KVP-Vorschläge, Suchfunktionen zum Beispiel nach Zeit, Bearbeiter, Schlagwort
- Erfassung, Auswertung und grafische Darstellung von KVP-Kennzahlen
- KVP-Budgetverwaltung

_____ **Praxistipps**

Entscheiden Sie frühestens nach den ersten Erfahrungen aus dem Pilotbereich über die Einführung einer Software-Lösung. Es besteht sonst die Gefahr, den Prozess und die Gestaltung von Materialien an die Software anzupassen statt an die tatsächlichen Bedürfnisse des Unternehmens bzw. des KVP. Erst wenn im Pilotbereich und möglicherweise auch in der flächendeckenden Umsetzung das Prinzip KVP bei den Mitarbeitern verinnerlicht ist und der Prozess lebt, kann der tatsächliche Bedarf und Funktionsumfang definiert werden.

_____ **Literatur und Links**

www.kvp-factory.de

KVP-Tafel

Begriff _____ Die KVP-Tafel dient zur ▶ Visualisierung und zur Statusanzeige der eingebrachten KVP-Vorschläge. Sie ist in die Bereiche «Neu», «In Bearbeitung» und «Erledigt» aufgeteilt und hängt offen zugänglich aus.

KVP-Tafel

Formen _____ Standard-KVP-Tafeln sind über verschiedene Anbieter in unterschiedlichen Ausführungen beziehbar. Häufig werden auch elektronische KVP-Tafeln genutzt (siehe ▶ KVP-Software).

■ Gerade für den Start im ▶ Pilotbereich reicht es oftmals aus, mit einer üblichen handelsüblichen Moderations-Pinnwand zu arbeiten, die in der Regel in allen Firmen vorhanden ist. Auch ein «Provisorium» aus dem Baumarkt erfüllt hier seinen Zweck. Erst wenn nach dem ▶ KVP-Review des Pilotbereiches das Vorgehen praxiserprobt und die Rahmenbedingungen des KVP verbindlich geklärt sind, sollte mit der Anschaffung der «endgültigen» Tafeln begonnen werden.

- Je nach Platzverfügbarkeit und Bereich können KVP-Tafeln auch innerhalb eines Unternehmens durchaus unterschiedliche Formate haben. Die Darstellungsform sollte hingegen möglichst identisch sein. Zur schnellen Wiedererkennung haben sich ein KVP-Schriftzug oder ein Logo auf der Tafel als hilfreich erwiesen.
- Für jeden Bereich von maximal 30 Mitarbeitern sollte es eine eigene Tafel geben.
- Die KVP-Tafel wird durch den ▶ KVP-Moderator gepflegt. Er sorgt dafür, dass die erledigten KVP-Vorschläge nach einiger Zeit abgenommen und archiviert werden.
- Bei der elektronischen KVP-Tafel ist darauf zu achten, dass alle Mitarbeiter Zugang zum PC haben und eine Einweisung in das Programm bekommen. Leider werden hier häufig die Fähigkeiten von Mitarbeitern überschätzt, wodurch der Teilnehmerkreis ungewollt eingeschränkt wird.

Praxistipps

Die KVP-Tafel ist das öffentliche Aushängeschild des KVP. Achten Sie daher auf ein ordentliches und sauberes Erscheinungsbild.

- Neben den ▶ KVP-Karten können auch andere den KVP betreffende Informationen visualisiert werden: Ansprechpartner, KVP-Kennzahlen, Workshoptermine u.ä.
- Lassen Sie hingegen nicht zu, dass KVP-fremde Informationen auf der KVP-Tafel Platz finden.
- Achten Sie auf die Aktualität der ausgehängten Daten.
- Stellen Sie sicher, dass immer genügend Befestigungsmaterial (Nadeln bzw. Magnete) vorhanden ist. Lagern Sie leere KVP-Karten und einen Stift direkt neben der Tafel, um einen kurzen Weg zu haben, falls beim Lesen der KVP-Vorschläge neue Ideen entstehen.

Literatur und Links

www.kvp-factory.de

KVP-Themen

Begriff _____ Jeder, der das erste Mal mit der Grundidee des KVP konfrontiert wird, überlegt automatisch, wo denn Verbesserungspotenziale in seiner Arbeit liegen. Was könnten Themen für Verbesserung sein? Häufig genug hat man dann das Gefühl, entweder zu triviale oder zu große Probleme anzusprechen oder schlicht wieder «die ollen Kamellen», also Probleme, über die schon lange im Unternehmen diskutiert wird, aufzuwärmen.

Praxis _____ Für die KVP-Praxis sind natürlich auch diese Vorschläge interessant. Es gibt aber noch andere Wege, die Mitarbeiter «auf die KVP-Spur» zu bringen. So können konkrete Fragen den Suchraum für die Mitarbeiter öffnen. Beispiele für solche Fragen sind:

- Wann haben Sie sich das letzte Mal während ihrer Arbeit geärgert und worüber? (Keine Personen!)
- Gibt es in Ihrem Arbeitsalltag wiederkehrende Probleme, wie zum Beispiel regelmäßige Rückfragen, unvollständige oder missverständliche Informationen?
- Wann haben sie das letzte Mal im Rahmen Ihrer Arbeit etwas gesucht?

Je nachdem, welche inhaltlichen Schwerpunktthemen mit dem KVP bearbeitet werden sollen, kann die Themengenerierung aus anderen Quellen erfolgen.

- Vorgaben: Es gibt KVP-Themen, die durch Zielvereinbarungen vorgegeben und im Rahmen von Workshops und Experten-KVP durchgeführt werden, beispielsweise die Reduzierung von Beständen oder die Verringerung der Durchlaufzeit.
- Tagesgeschäft: Spontane KVP-Vorschläge der Mitarbeiter. Diese können zu jedem Thema und zu jedem Zeitpunkt kommen, sofern die Mitarbeiter bereit und dafür qualifiziert sind, Probleme und Verbesserungspotenziale zu finden.
- Weiterentwicklung: Schließlich ergeben sich auch noch Themen aus der direkten Beobachtung des Arbeitsalltages oder der konkreten Arbeitsinhalte, zumeist nach einem Theorieinput oder aufgrund eines bereits umgesetzten KVP-Vorschlags. Das wäre also im positiven Sinne ein «Trittbrettfahrer-KVP».

- Ableitung: Beispielsweise durch Informationen vom Reklamations- oder Beschwerdemanagement. Hierbei tritt die unmittelbare Kundensicht in den Vordergrund – eine Perspektive, die oft den Blick auf gänzlich neue Inhalte oder Themenschwerpunkte lenkt.

- Pflichtinhalte: Aufgrund der thematischen Offenheit des kontinuierlichen Verbesserungsprozesses können auch gezielt Themen angesprochen werden, die sonst eher als Anweisungen oder Vorschriften zu den Mitarbeitern kommen. Ordnung und Sauberkeit, Mülltrennung, Abfallverwertung und Recycling oder Arbeitssicherheit sind solche Themen. Zudem verstärkt sich die Verbindlichkeit der Umsetzung bei solchen Themen, wenn die Mitarbeiter selbst die Regeln hierfür aufstellen.

- Persönlicher Nutzen: Weitere Aspekte bringen den Mitarbeitern an ihrem Arbeitsplatz einen konkreten Nutzen, etwa Verbesserung der Ergonomie und der Lichtverhältnisse, Verbesserung des Handlings beispielsweise durch Hebevorrichtungen, Vollständigkeit und Brauchbarkeit von Werkzeugen und damit Verringerung oder vollständige Eliminierung von Suchaufwand, Wegeoptimierung, visuelles Management wie Kennzeichnungen und Zuordnungen, um Verwechslungen oder Falschablagen zu vermeiden. Je nach Thema sind hierbei die entsprechenden Experten des Unternehmens wie Umweltschutzbeauftragter oder Sicherheitsfachkraft vor und während der Umsetzung unbedingt mit einzubinden.

Die Möglichkeit, sich mit KVP-Vorschlägen an der Optimierung des eigenen Arbeitsplatzes und der Verbesserung der gesamten Firma zu beteiligen, ist für viele Mitarbeiter attraktiv. Gerade zu Beginn werden bei einer sachgemäßen Einführung des Prozesses viele Vorschläge von den Mitarbeitern kommen. Das kann speziell bei Firmen, in denen zuvor wenig Augenmerk auf die Beteiligung gelegt wurde, zu einem gewaltigen Nachholbedarf führen, der sich in einer Lawine von Vorschlägen entlädt. Auch darauf sollte die KVP-Organisation vorbereitet sein.

Begriff_____ Der KVP ist inhaltsoffen und lässt sich gut mit Methoden und Werkzeugen aus dem Toyota-Produktionssystem (TPS) kombinieren.

Methoden_____ Die Anwendung der Methoden in Form von Workshops eignet sich sehr gut, um die Mitarbeiter zu Beginn eines KVP einzubinden und den Mitarbeiter-KVP anzustoßen. Methoden-Workshops können ebenso genutzt werden, um wieder «Schub» in einen eingeschlafenen KVP zu bringen. Die wichtigsten Methoden sind:

1. Six Sigma ist, genau wie der KVP, ein Ansatz zur Prozessverbesserung. Während sich der KVP jedoch durch eine möglichst umfassende Beteiligung aller Mitarbeiter kontinuierlich um kleine, stetige Verbesserungen des eigenen Arbeitsprozesses kümmert, widmen sich Six-Sigma-Projekte ausschließlich den vom Management ausgewählten Themen. KVP und Six Sigma decken somit gemeinsam alle Arten von Prozessproblemen ab. Im Mittelpunkt von Six Sigma stehen größere Potenziale in den Prozessen, vor allem in den zentralen Prozessparametern Qualität, Kosten und Zeit, die vom KVP wegen ihrer Komplexität nur unzureichend bearbeitet werden können.

2. Bei der Methode der 5 S (gelegentlich auch als 5-A-Methode bezeichnet) geht es um Ordnung und Sauberkeit am Arbeitsplatz. Sie besteht aus einem fünfstufigen Vorgehen:
   - Sortieren: Trenne das Notwendige vom Nichtnotwendigen und entferne alles Nichtnotwendige vom Arbeitsplatz.
   - Sinnvoll anordnen: Sorge für eine sichtbare Ordnung, die den Prozess unterstützt.
   - Säubern und sauber halten: An sauberen Arbeitsplätzen werden Fehler schneller erkannt.
   - Standardisieren: Erarbeitete Lösungen sind von allen verbindlich einzuhalten.
   - Stets anwenden und verbessern: Permanente Überprüfung und Verbesserung im Sinne des KVP.

3. Bei der Methode SMED (Single Minute Exchange of Die) geht es darum, schnelle Rüstprozesse zu gestalten. Im Rahmen der SMED-Methodik wird ein Rüstprozess aufgenommen, das heißt, die einzelnen Schritte im Rüstprozess werden mit den benötigten Zeiten dokumentiert. Anschließend wird zwischen externen und internen Rüstschritten unterschieden. Als externes Rüsten bezeichnet man alle Vorgänge, bei denen die Maschine noch oder schon wieder laufen kann, zum Beispiel das Holen und Wegbringen von Material und Werkzeug. Zum internen Rüsten zählen die Prozessschritte, bei denen die Maschine stehen muss. Im nächsten Schritt wird versucht, interne in externe Tätigkeiten umzuwandeln.

4. TPM ist ein Instandhaltungskonzept. Die drei Buchstaben stehen für die englische Bezeichnung Total Productive Maintenance. Die fünf Säulen des TPM sind:

   ■ Die Erkennung und Beseitigung von Schwerpunktproblemen durch die Beseitigung der typischen Verlustquellen an der Anlage.

   ■ Die autonome Instandhaltung durch das Übertragen einfacher Wartungs- und Instandhaltungsaufgaben an Maschinenbediener mit entsprechender Qualifizierung.

   ■ Die Erhöhung der Maschinenverfügbarkeit durch geplante Instandhaltung statt reaktiver Instandsetzung.

   ■ Training und Ausbildung zur Verbesserung der Bedienungs- und Instandhaltungsqualifikationen.

   ■ Die Instandhaltungsprävention in Vorbereitung, Anlauf und Herstellung.

5. Poka Yoke ist ein japanischer Begriff und wird frei mit «narrensichere Produktion» oder «Vermeiden unbeabsichtigter Fehlhandlungen» übersetzt. Die zugrunde liegende Überlegung zielt darauf ab, Prozesse und Maschinen so zu gestalten, dass Fehlbedienungen nicht möglich sind. Tritt ein Fehler auf, wird durch eine schnelle und unmittelbare Rückmeldung vermieden, dass er in den nächsten Prozessschritt gelangt.

Literatur und Links

Regber, H./Zimmermann, K. (2007): Change Management in der Produktion.

Motivation zur Teilnahme

Begriff _____ Die Motivation zur Teilnahme am KVP besteht aus zwei unterschiedlichen Perspektiven. Da ist zum einen die Frage, was den Mitarbeiter selber (intrinsisch) motiviert, sich im Rahmen des KVP einzubringen, zum anderen die Frage, welche förderlichen Rahmenbedingungen gestaltet werden können, um die Mitarbeiter (extrinsisch) zur Teilnahme zu motivieren.

Beispiele _____ Grundsätzlich gilt, dass es kein Allheilmittel gibt, das alle Mitarbeiter gleichermaßen motiviert. So können die Freiheitsgrade in der Gestaltung der Arbeit für einen Mitarbeiter befreiend und hoch motivierend wirken, während sie bei einem anderen Ratlosigkeit und Verunsicherung auslösen.

Beispiele für intrinsische Motivatoren liegen im Erkennen folgender Vorteile:

- Selbstständiges oder selbstorganisiertes Arbeiten
- Spürbare Verbesserungen des eigenen Arbeitsumfeldes
- Die Möglichkeit, Probleme offen anzusprechen, Ideen einzubringen und mitzugestalten
- Dinge infrage stellen dürfen
- Bessere Information, Kommunikation und Transparenz
- Verbessern der Qualifikation (z. B. Erlernen von Methoden, Problemlösungstechniken), möglicherweise verbunden mit der Bescheinigung über die erlangte Qualifikation
- Identifikation mit der Firma; die Umsetzung der eigenen Ideen als Teil des Unternehmenserfolges sehen
- Anerkennung und persönliche Wertschätzung erfahren
- Mehr Spaß an der Umsetzung und der Arbeit insgesamt haben

Ein weiteres wesentliches Merkmal des kontinuierlichen Verbesserungsprozesses ist die Freiwilligkeit der Teilnahme. Neue Ideen entstehen selten aus Zwang, und wenn ein Mitarbeiter absolut keine Lust hat, sich mit Verbesserungen zu befassen, dann sollte man das akzeptieren. Die Verbesserungen, die seine Kollegen beschließen, muss er hingegen mittragen.

Die Frage, ob man andere Menschen motivieren kann, ist umstritten. Eindeutiger zu beantworten, ist die Frage, ob man demotivieren kann. Hier kann jeder aus eigener Erfahrung eine Reihe von Faktoren aufzählen. Ein erster Ansatz, um förderliche Rahmenbedingungen für den KVP zu schaffen, ist das Hinterfragen der eigenen Reaktion auf folgende typische Demotivatoren:

- zu viel Kontrolle
- bürokratischer Aufwand bei kleinen Beschaffungen oder Entscheidungen
- mehrmaliges unbegründetes Aufschieben von Veränderungen und Umsetzungen
- bei erreichten Verbesserungen das Haar in der Suppe suchen
- Gleichgültigkeit oder Desinteresse gegenüber dem Ergebnis seitens der Führungskräfte
- die «Das ist doch keine Arbeit»- oder «So möchte ich auch mal mein Geld verdienen»-Haltung gegenüber Veränderungsprozessen, flapsige Sprüche, Ironie, Sarkasmus
- Zusatzbelastungen der beteiligten Mitarbeiter zum Beispiel durch Nachholen der versäumten Arbeit
- fehlende Unterstützung – wer etwas vorschlägt, muss es auch selber machen
- Störungen in der KVP-Umsetzung durch «wichtige Probleme» im Tagesgeschäft
- Ergebnisse nicht ernstnehmen oder ablehnen
- Ungleichbehandlung von Menschen und Ideen
- fehlende Anerkennung
- fehlende Transparenz, fehlendes Feedback

_____**Praxistipps**

- Machen Sie den Mitarbeitern deutlich, dass es nicht um revolutionäre Ideen geht, sondern dass sie KVP eigentlich schon immer gemacht haben und dass jede kleine Verbesserung zählt. Auch die Wertschätzung und Bestätigung der bisherigen Arbeit wird von den Mitarbeitern positiv aufgenommen.
- Informieren Sie die Mitarbeiter im Namen der Geschäftsführung durch einen persönlichen Brief an ihre Privatadresse über den KVP.

_____**Literatur und Links**

Sprenger, R. K. (2002): Mythos Motivation.

PDCA-Zyklus

Begriff _____ Der PDCA-Zyklus (nach seinem Erfinder auch als «Deming-Rad» bezeichnet) ist ein vierstufiger Veränderungs- und Problemlösungsprozess. Er besteht aus den immer wiederkehrenden Phasen Planen (plan), Tun (do), Überprüfen (check), Umsetzen (act) und ist ein bewährter, systematischer Standard zur Problemlösung.

Vorgehen _____ Um den PDCA-Zyklus wirkungsvoll einsetzen zu können, ist es notwendig, sich das betreffende Problem vor Ort anzuschauen.

❶ Im Rahmen des Planens wird dann zunächst das Thema festgelegt und die Situation beschrieben. Der Ist-Zustand wird möglichst genau mit messbaren Daten dokumentiert, um später die tatsächlich eintretenden Verbesserungen nachvollziehbar belegen zu können. Auf Basis der erhobenen Daten wird dann der Zielzustand definiert.

❷ In der «Do»-Phase werden die Lösungen probeweise umgesetzt. Hierbei ist besonders das pragmatische Denken und Handeln der Beteiligten gefragt. Es ist durchaus möglich und sinnvoll, in dieser Phase mit Provisorien zu arbeiten, die man, wenn sich die Umsetzung nicht bewährt, leicht wieder verändern oder rückgängig machen kann.

❸ In der nachfolgenden «Check»-Phase werden die Ergebnisse der Umsetzung überprüft. Die eingetretene Veränderung wird am vorherigen Zustand und am gewünschten Soll-Zustand gemessen und dokumentiert. Hier zeigt sich, ob die in der Planungsphase erhobenen Daten ausreichend sind, um die Veränderungen festzustellen. Es ist durchaus möglich, dass man an dieser Stelle noch einmal zurück in die Planungsphase muss, um eine andere Lösung auszuprobieren.

❹ Hat die neue Vorgehensweise noch Mängel, wird sie in der «Act»-Phase optimiert und danach als verbindlicher Standard visualisiert und geschult, dessen Einhaltung wiederum überwacht wird. Die Verbesserung des geschaffenen Standards beginnt dann wieder mit der ersten Phase «plan».

PDCA-Zyklus

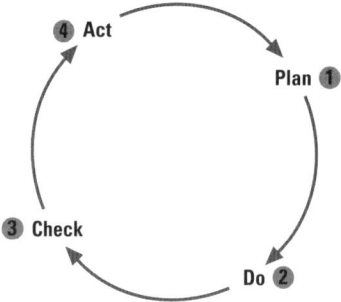

In der Praxis ist häufig zu beobachten, dass die Phase des «Do», also der Durchführung der Maßnahmen, stark betont ist. Dagegen wird die Phase des Planens, also der Suche nach der Problemursache und des Findens möglicher Lösungsansätze, weniger stark berücksichtigt. Die beiden abschließenden Phasen der Überprüfung der Zielerreichung (Check) und gegebenenfalls der Anpassung und Feinjustierung (Act) und vor allem die abschließende verbindliche Standardisierung mit der dazugehörigen Dokumentation werden in der Regel schlicht vergessen. Das ist ein gravierender Mangel, der die Ergebnisse einer Umsetzung häufig wirkungslos verpuffen lässt.

_____**Praxistipps**

- Der PDCA-Zyklus wirkt für viele Mitarbeiter zu Beginn ungewohnt und zu aufwendig. Es zeigt sich aber, dass durch ein regelmäßiges systematisches Anwenden auch bei kleineren Problemen oder Lösungen ein Gewöhnungseffekt auftritt.
- Achten Sie darauf, bei Kleinigkeiten nicht zu «überstandardisieren» und dadurch die Motivation zur Teilnahme zu beeinträchtigen.

_____**Literatur und Links**

Kostka, C./Kostka, S. (2007): Der Kontinuierliche Verbesserungsprozess.

Begriff _____ Der persönliche Arbeitsstil bezeichnet die Organisation der eigenen Arbeit. Die Bedeutung des persönlichen Arbeitsstils wächst mit zunehmenden Freiheitsgraden der Arbeit. Während in der Produktion Arbeitsanweisungen und Standardisierungen wenig Gestaltungsspielraum bei der Ausführung der Arbeit lassen, sind im administrativen Bereich die Vorgaben wie auch die Organisation der Arbeit weit weniger exakt geregelt.

Hintergrund _____ Der persönliche Arbeitsstil ist geprägt durch Gewohnheiten und eigene Vorlieben. Um effizienter arbeiten zu können, ist die Fähigkeit und die Bereitschaft, sich selbst zu hinterfragen, erforderlich. Um den persönlichen Arbeitsstil zu verändern und mehr Zeitkompetenz zu gewinnen, ist also ein aktives Selbstmanagement nötig.

Dafür gibt es verschiedene hilfreiche Methoden. Dazu gehören:

■ Die Tagesplanung nach der ALPEN-Methode:

Alle Aufgaben aufschreiben
Länge der Aufgaben bestimmen
Puffer setzen, und zwar 40 % der Zeit! (20 % für Unerwartetes, 20 % für Spontanes)
Entscheidung über Prioritäten/Delegieren
Nachkontrolle

■ Da die Konzentrationskapazität jedes Menschen begrenzt ist und maßgeblich vom Biorhythmus beeinflusst wird, gilt es, die persönlichen Leistungshochphasen zu identifizieren und für wichtige Arbeiten nutzen. Gewohnheiten benötigen nur wenig Konzentrationskapazität. Daher werden Routinetätigkeiten in die Phasen geringerer Konzentration gelegt.

■ Weiterhin ist es sinnvoll, störungsfreie Zeiten (1 bis 2 Stunden am Tag) zu definieren und mit den Kollegen abzusprechen. Niemand muss immer erreichbar sein. In der störungsfreien Zeit kann beispielsweise das Telefon umgeleitet werden und durch vereinbarte Zeichen (z.B. ein Stoppschild auf dem Tisch) eine Ablenkung durch Ansprechen vermieden werden. Störungen verursachen den sogenannten Sägeblatteffekt, da man, einmal aus der Konzentration gerissen, wieder Zeit braucht, um sich neu in das Thema einzuarbeiten.

- Weiterhin gilt es, Pausen gezielt zu setzen und zur Erholung zu nutzen.
- Das Priorisieren von Aufgaben nach Wichtigkeit und Dringlichkeit hilft, die anstehenden Aufgaben in eine sinnvolle Reihenfolge zu bringen.
- Systematisches Verhalten spart suchen und umstellen.

Auch das Hinterfragen der Aufgaben im Hinblick auf den Nutzen eröffnet gelegentlich Veränderungspotenziale:

- Wer liest eigentlich den Bericht, der gerade einen so dringenden Abgabetermin hat?
- Wird der gesamte Bericht benötigt oder nur einzelne Aussagen?
- Ist das anstehende Meeting für mich notwendig, oder reicht es, wenn ich das Protokoll bekomme? Ist meine Anwesenheit in dem Meeting durchgängig erforderlich, oder reicht es, wenn ich zu einem bestimmten Zeitpunkt auf Abruf bereitstehe?
- Gibt es unter den internen E-Mails, die ich bekomme, wiederkehrende Themen, die mich nicht interessieren und die ich in Zukunft nicht mehr erhalten möchte?

_____ **Literatur und Links**

Hatzelmann, E./Held, M. (2005): Zeitkompetenz.

Begriff ⎯⎯ Der Pilotbereich ist der erste Bereich, in dem der KVP eingeführt und umgesetzt wird. Er sollte sorgsam ausgesucht sein, um mögliche Probleme in der praktischen Umsetzung offenzulegen und gegebenenfalls Alternativen zu probieren.

Nutzen ⎯⎯ Ziel der KVP-Einführung im Pilotbereich ist der Härtetest, also die Überprüfung des bisher theoretisch Erarbeiteten in der Praxis. Der Pilotbereich wird vom ▶ Steuerungskreis ausgewählt. Bei der Auswahl des Pilotbereiches geht es darum, einen geeigneten Bereich zu definieren. Dabei gilt es, die Balance zu finden und weder den Bereich mit den schwierigsten Mitarbeitern und Prozessen noch den Bereich, in dem sowieso schon alles läuft und es kaum Potenziale gibt, auszuwählen. Ideal eignet sich ein Bereich mit Potenzial für Verbesserungen und mit der Bereitschaft der Mitarbeiter, schnelle und sichtbare Erfolge zu erzielen, die man dann auch als Referenzen vorzeigen kann.

■ Der dazu ausgewählte Pilotbereich sollte eine überschaubare Größe und Mitarbeiteranzahl aufweisen. Auch die Mitarbeiter in anderen Schichten des Bereiches müssen über den KVP und mögliche Veränderungen informiert sein.

■ Wichtig ist eine positive Grundeinstellung zum KVP, da ansonsten bei den Mitarbeitern der Eindruck entsteht, «bei uns läuft es sowieso schon nicht gut, jetzt müssen wir auch noch (zur Strafe) KVP machen».

■ Unabhängig von der vorherrschenden ▶ Unternehmenskultur sollten Sie eine Atmosphäre des «Ausprobierens und Fehlermachen-Dürfens» schaffen. Vermeiden Sie unbedingt Schuldzuweisungen, wenn zu Beginn noch nicht alles reibungslos funktioniert.

■ Auf den Pilotbereich schauen alle; hier wird deutlich, ob die Versprechungen eingehalten werden. Das gilt speziell für die zentralen Erfolgsfaktoren: kurzfristige Reaktion, transparente Prozesse und begründete Entscheidungen.

■ Vom Pilotbereich soll eine Sogwirkung ausgehen. Wenn es durch den KVP Verbesserungen gibt, die den Mitarbeitern attraktiv erscheinen, zum Beispiel durch neues Werkzeug oder Arbeitserleichterungen (Ergonomie), und der Prozess durch die Beteiligten einen guten Ruf bekommt, werden unserer Erfahrung nach in den angrenzenden Bereichen «Begehrlichkeiten» geweckt, und das Bedürfnis, auch teilzunehmen, wächst.

- Zwischen dem Pilotbereich und dem «Roll-out», also der Ausweitung des Prozesses auf andere Bereiche, sollte dringend ein ▶ KVP-Review durchgeführt werden, um zu sehen, ob und in welchem Maße Anpassungen des Prozesses nötig sind. Gleichzeitig können Mitarbeiter aus dem Pilotbereich als Ansprechpartner für andere Bereiche fungieren.
- Auch wenn es schnell von anderen Bereichen Interesse am KVP gibt: Halten Sie unbedingt die festgelegte Reihenfolge Pilotbereich, Review, Roll-out ein.
- Neben dem KVP-Ablauf sollten im Pilotbereich auch die Informationsstrategie und die Infrastruktur getestet werden.

Praxistipps

Der Pilotbereich zeigt Ihnen, ob die Qualität Ihres KVP stimmt. Nutzen Sie die Möglichkeit, zu testen und Schwachstellen offenzulegen.

- Definieren Sie in großen Unternehmen parallel Pilotbereiche aus Produktion und Verwaltung, um zu zeigen, dass der KVP alle Mitarbeiter im Unternehmen betrifft.
- Obere Führungskräfte oder die Firmenleitung betonen durch ihre Anwesenheit zum Beispiel bei Ergebnispräsentationen die Wichtigkeit und Wertigkeit des KVP für das Unternehmen.
- Kommunizieren Sie Ergebnisse und Schlussfolgerungen aus dem Pilotbereich offen, zum Beispiel durch einen Artikel in der Mitarbeiterzeitung.
- Nutzen Sie die Erfahrungen aus dem Pilotbereich, indem Sie ausgewählte Mitarbeiter des Pilotbereiches zu den Auftaktveranstaltungen und zum Erfahrungsaustausch der folgenden Bereiche einladen.

Literatur und Links

www.kvp-factory.de

Probleme im KVP

Begriff _____ Im Vergleich verschiedener KVP fällt auf, dass es typische Problemmuster gibt, die unabhängig von der Unternehmensgröße und der Branche immer wieder auftreten.

Vorgehen _____ Die in der Tabelle beschriebenen Probleme, die krisenhafte Auswirkungen haben können, betreffen in der Regel eher organisatorische und strategische Themen, die von den KVP-Verantwortlichen wie auch vom ▶ Steuerungskreis und der Geschäftsführung gelöst werden müssen. Die Mitarbeiter sind unserer Erfahrung nach hierbei zunächst oft nicht in der Lage, lösungsorientiert mitzuarbeiten, sondern warten auf eine Entscheidung auf anderer Ebene.

Typische Probleme bei der Einführung/Projektphase	
Problem	**Lösungsvorschlag**
Orientierungslosigkeit oder Widersprüche durch unklaren oder schwammig formulierten Auftrag	■ Klare Verständigung über die Ziele. Schriftlich fixierte, wohldefinierte Ziele und Zielvereinbarungen, die öffentlich ausgehängt werden
Aufgaben bleiben liegen oder Kompetenzgerangel entsteht durch unklare Aufgabenverteilung	■ Rollenklärung im Rahmen einer Zusammenarbeitsmatrix ■ Definierte Regelkommunikation, Visualisieren von Zuständigkeiten
Nichteinhalten von Meilensteinen	■ Überprüfung des Projektplans und der zur Verfügung stehenden Ressourcen ■ Priorität auf den KVP legen, feste Zeiten im Tagesgeschäft für den KVP reservieren

Typische Probleme in der Pilotphase/beim Übergang zum Prozess	
Problem	**Lösungsvorschlag**
Fehlendes Controlling/ mangelnde Rückmeldung	■ Überprüfung der Kennzahlen und deren Messung und Visualisierung
Fehlende Verbindlichkeit in der Umsetzung/Termin- treue	■ Einen schriftlichen KVP-Kontrakt mit den Beteilig- ten schließen, Prüfung der Ressourcen (auch der Unterstützungsorganisation)

Typische Probleme im laufenden Prozess	
Problem	**Lösungsvorschlag**
Erlahmendes oder vollständig fehlendes Interesse	■ Neue Themenschwerpunkte, Gesamt-Review des Prozesses und Einläuten der «Phase 2», interne Ideenbörse oder neue Impulse von außen
Fluktuation prozess- verantwortlicher Mit- arbeiter (Treiber)	■ Aktives Wissensmanagement, Prozessdokumen- tation, rechtzeitige Stellvertreterregelungen und Qualifizierung
Ressourcenkürzung	■ Offene Kommunikation, Einbeziehen der Mitarbeiter in die veränderte Situation, z.B. durch Mitbestim- men der zukünftigen Prioritäten in der Umsetzung
Fehlende oder veraltete Information	■ Aktualität hat Vorrang vor weiterer Problem- bearbeitung, verbindliche Standards für Infor- mation festlegen und Verantwortliche benennen und bei Bedarf unterstützen
Alle Themen sind abgearbeitet	■ Schwerpunktaktionen zu von der Geschäftsleitung festgelegten Themen ■ Gezielte Workshops, bei Bedarf mit externer Unter- stützung, zu Fokusthemen

Literatur und Links

Menzel, F. (2009): Produktionsoptimierung mit KVP.

Projektplan zur Einführung

Begriff _____ Der Projektplan ist das zentrale Dokument bei der Einführung eines KVP. Er gibt Auskunft darüber, in welchem zeitlichen Ablauf die einzelnen Prozessschritte bearbeitet werden.

Anwendung _____ Zur Erstellung des Projektplans wird üblicherweise eine Rückwärtsterminierung verwendet.

- Hierzu schätzen Sie einen realistischen Einführungstermin ab und sammeln dann alle Prozessschritte, die bis zum Start zu erfolgen haben.
- Anschließend werden die Prozessschritte in die logische Reihenfolge gebracht und die jeweils Verantwortlichen für die einzelnen Schritte benannt.
- Die Verantwortlichen schätzen ihrerseits den Zeitaufwand zur Erbringung ihrer Leistung ab.
- Der so entstandene inhaltliche und zeitliche Ablauf wird schließlich mit dem ursprünglich angedachten Einführungstermin zur Deckung gebracht und im Projektplan visualisiert. Terminabweichungen können so unmittelbar erkannt und thematisiert werden.

Projektplan

Projektplan zur Einführung eines KVP

KVP *factory*

Beginn: KW 02/2011
Ende: KW 29/2011 (Übergang zum laufenden Prozess)

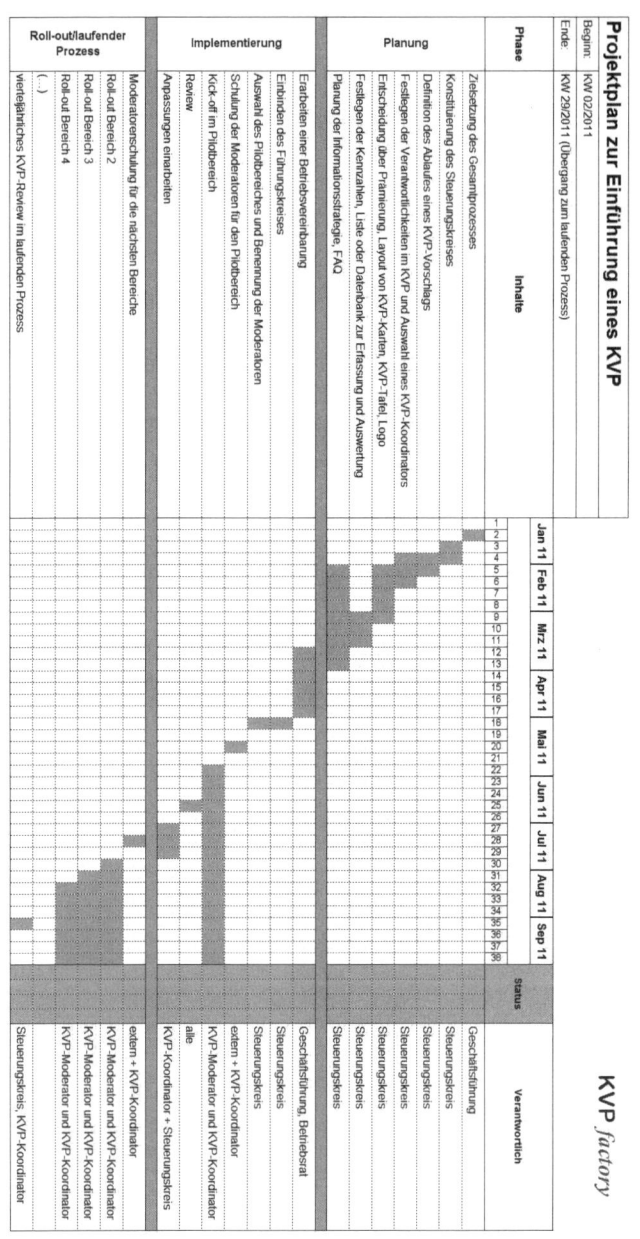

Phase	Inhalte	Zeitraum (Jan 11 – Sep 11, KW 1–38)	Status	Verantwortlich
Planung	Zielsetzung des Gesamtprozesses			Geschäftsführung
	Konstituierung des Steuerungskreises			Steuerungskreis
	Definition des Ablaufes eines KVP-Vorschlags			Steuerungskreis
	Festlegen der Verantwortlichkeiten im KVP und Auswahl eines KVP-Koordinators			Steuerungskreis
	Entscheidung über Prämierung, Layout von KVP-Karten, KVP-Tafel, Logo			Steuerungskreis
	Festlegen der Kennzahlen, Liste oder Datenbank zur Erfassung und Auswertung			Steuerungskreis
	Planung der Informationsstrategie, FAQ			Steuerungskreis
Implementierung	Erarbeiten einer Betriebsvereinbarung			Geschäftsführung, Betriebsrat
	Einbinden des Führungskreises			Steuerungskreis
	Auswahl des Pilotbereiches und Benennung der Moderatoren			Steuerungskreis
	Schulung der Moderatoren für den Pilotbereich			extern + KVP-Koordinator
	Kick-off im Pilotbereich			KVP-Moderator und KVP-Koordinator
	Review			alle
	Anpassungen erarbeiten			KVP-Koordinator + Steuerungskreis
Roll-out/laufender Prozess	Moderatorenschulung für die nächsten Bereiche			extern + KVP-Koordinator
	Roll-out Bereich 2			KVP-Moderator und KVP-Koordinator
	Roll-out Bereich 3			KVP-Moderator und KVP-Koordinator
	Roll-out Bereich 4			KVP-Moderator und KVP-Koordinator
	(…)			
	vierteljährliches KVP-Review im laufenden Prozess			Steuerungskreis, KVP-Koordinator

Frank Menzel **KVP und Kaizen** · **A bis Z**

Prozessbegleitende Information

Begriff ____ Ist der KVP erfolgreich im Unternehmen eingeführt, kann durch eine gut koordinierte prozessbegleitende Informationsstrategie der Prozess im Gespräch gehalten werden.

Motto ____ «Tue Gutes und rede darüber!»

Vorgehen ____ Die erzielten Erfolge eines KVP müssen aktiv vermarktet werden. Hierzu sollten sämtliche zur Verfügung stehenden Informationsmedien genutzt werden:

- Informationsaustausch mit anderen Bereichen über die KVP-Moderatoren.
- Jährlich die «Top 10» der Vorschläge wählen lassen und offiziell prämieren. KVP-Award oder der «KVP des Monats» als Aushang veröffentlichen.
- Vorher-nachher-Bilder und Visualisierung von Kennzahlen an der KVP-Tafel.
- Außendarstellung über die Firmengrenzen hinaus, um das «Wir-Gefühl» zu stärken («Wir haben …»), zum Beispiel über redaktionelle Beiträge in lokalen Zeitungen oder Fachzeitschriften.
- Tablettauflager in der Kantine («Mach mit – es lohnt sich!»).
- Tischaufsteller für Besprechungsräume.
- Für Mitarbeiter mit Computer und E-Mail-Anschluss können wöchentliche oder monatliche KVP-Newsletter angeboten werden. Auf maximal einer DIN-A4-Seite kann hier in Form einer Kurzbeschreibung über aktuelle und geplante Projekte, anstehende Termine sowie über die erzielten Erfolge berichtet werden.
- Mit dem Newsletter besteht auch die Möglichkeit, Mitarbeiter, Betriebsrat oder Führungskräfte im Rahmen eines Interviews zu Wort kommen zu lassen.

- Die Mitarbeiterzeitschrift hat einen ähnlichen Hintergrund wie der Newsletter. Sie richtet sich auch an die Mitarbeiter, die keinen E-Mail-Anschluss besitzen, und soll durch bebilderte, leicht verständliche Aufmachung die Mitarbeiter zum Lesen einladen.
- Im Intranet können Workshopergebnisse oder tagesaktuelle KVP-Informationen dokumentiert werden.
- Der KVP-Stammtisch zum Erfahrungsaustausch.
- Ergänzende Betriebsratsinformationen über die dem Betriebsrat zur Verfügung stehenden Informationsmedien.
- Integration in die offiziellen Meetings und Besprechungen. Der Stand der KVP-Maßnahmen wird als fester Tagesordnungspunkt in jedes Meeting aufgenommen.
- Fortsetzung und Veröffentlichung der ▶ FAQ.
- Regelmäßige Review-Termine und ▶ interne Auditierungen, deren Ergebnisse an der KVP-Tafel veröffentlicht werden.
- Jährliche Auswertungen und Zielüberprüfung.

Praxistipps

Lassen Sie durch die KVP-Teams Kurzpräsentationen zum Team-KVP erstellen, durch die neue Mitarbeiter sich schnell informieren können.

Literatur und Links

www.kvp-factory.de

Rolle des Betriebsrates

Begriff _____ Der Betriebsrat muss die Bedingungen des Einsatzes des KVP mit dem Unternehmen festlegen und gegebenenfalls im Rahmen einer Betriebsvereinbarung fixieren. Er ist unverzichtbar bei der Einführung eines KVP und sollte daher möglichst frühzeitig aktiv mit eingebunden werden.

Aufgaben _____ Dem Betriebsrat kommt im KVP eine aktiv unterstützende Rolle zu.

- Er muss darauf achten, dass der KVP die gültigen Tarifvertragsregelungen zu Entlohnung, Arbeitsbedingungen oder Leistung nicht aushebelt, indem beispielsweise Prozesse verdichtet und Leistungsanforderungen an die Mitarbeiter ohne Ausgleich erhöht werden.
- So sollte beispielsweise schriftlich definiert werden, dass die auftretenden Rationalisierungseffekte des KVP keinen Personalabbau zur Folge haben dürfen.
- Weiterhin achtet der Betriebsrat auf die Möglichkeiten zur Beteiligung und ständigen Weiterqualifizierung der Beschäftigten im Rahmen des KVP.

Die zehn wichtigsten Fragen des Betriebsrates zu KVP:

1. Ist es im Rahmen des KVP allen Mitarbeitern möglich, an der Problemanalyse und Lösungsfindung mitzuarbeiten?
2. Wird die Beteiligung am KVP analog zum betrieblichen Vorschlagswesen vergütet?
3. Wird durch den KVP die Identifikation mit den Unternehmenszielen im Hinblick auf Sozial- und Umweltverträglichkeit gefördert?
4. Auf welche Weise wird der Betriebsrat an der Planung und Durchführung des KVP aktiv eingebunden?
5. Wie ist sichergestellt, dass die inhaltlichen Schwerpunkte im KVP nicht ausschließlich auf Produktivität und Wirtschaftlichkeit ausgerichtet sind?
6. Wie ist dafür gesorgt, dass der KVP ausnahmslos während der Arbeitszeit stattfindet?
7. Ist es allen Mitarbeitern möglich, sich an KVP-Sitzungen und -Workshops zu beteiligen, wenn darin Thematiken behandelt werden, die ihren Arbeitsbereich betreffen?
8. Werden die Mitarbeiter systematisch und grundlegend zum KVP informiert und geschult?
9. Wie werden KVP-Moderatoren ausgewählt? Kann der Betriebsrat dabei mitbestimmen?
10. Können auch Betriebsratsmitglieder KVP-Moderatoren werden?

Praxistipps

- Der Betriebsrat sollte im Steuerungskreis vertreten sein, um die aktuelle Ausrichtung des KVP mitbestimmen und auf mögliche Probleme umgehend reagieren zu können.
- Den Betriebsrat auf seiner Seite zu haben, ist gerade auch für die später stattfindenden KVP-Workshops von Vorteil, wenn es beispielsweise darum geht, die Zustimmung zu Videoaufnahmen oder zum Einsatz von Stoppuhren in der Produktion zu erhalten.

Literatur und Links

www.bsb-seite.de/system/myfiles/Gruppenarbeit_Bewertungsraster.pdf

Rolle des Mitarbeiters

Begriff ——— Der Mitarbeiter ist sowohl Kunde als auch Protagonist des KVP. Jeder Mitarbeiter ist aufgefordert, seine Kenntnisse und Erfahrungen in den Veränderungsprozess mit einzubringen und Arbeitsplätze, Arbeitsabläufe sowie Arbeitsumgebung zu verbessern. Voraussetzungen für die Teilnahme sind die grundlegende Bereitschaft des Mitarbeiters sowie die Fähigkeit und das Verständnis, Verbesserungspotenziale zu erkennen und an Maßnahmen zur Beseitigung von Verschwendung mitzuwirken. Die Aufgaben des Mitarbeiters im KVP sind:

- Verschwendung erkennen und KVP-Vorschläge formulieren oder Probleme notieren
- Aktive Suche nach Verschwendung im Arbeitsprozess
- Hinterfragen des eigenen Vorgehens in der Arbeit
- Bereitschaft, Veränderungen auch mal auszuprobieren oder mitzutragen, auch wenn sie nach Ansicht des Einzelnen wenig Aussicht auf Erfolg haben
- Aktive Beteiligung an der Umsetzung von Verbesserungsmaßnahmen am eigenen Arbeitsplatz mit dem ▶ PDCA-Zyklus
- Gemeinsame Übernahme der Verantwortung für die erzielten Resultate
- Gegenseitiges Beachten der Einhaltung von Standards (Selbstkontrolle und Vorleben von Standards)
- Teilnahme an Sitzungen des KVP-Teams zum Beispiel im Rahmen von Stundenworkshops oder in KVP-Workshops
- Kollegiales Fördern einer offenen Kommunikationskultur, um den Ideenaustausch zu unterstützen
- Beitragen zur Erreichung der KVP-Ziele auf Bereichs- und Gruppenebene

Im fortlaufenden KVP kann neben den KVP-Vorschlägen im Tagesgeschäft auch die Bearbeitung größerer Probleme im Team im Rahmen von Workshops stattfinden. In diesem Rahmen identifizieren Mitarbeiter die Probleme und lösen sie in der Gruppe, indem sie gemeinsam Vorschläge zur Problemlösung erarbeiten und diese nach dem PDCA-Zyklus möglichst auch selber umsetzen.

Die Gruppe trifft sich hierzu weitgehend selbstorganisiert wöchentlich oder vierzehntäglich im KVP-Stundenworkshop mit dem KVP-Moderator. Im Rahmen dieser Treffen wird jeweils ein Problem bearbeitet, das im Aufgabenbereich der Gruppe liegt.

Reflexionsfragen

- Welche meiner Tätigkeiten sind tatsächlich wertschöpfend, sodass der Kunde dafür bezahlen würde?
- Wenn ich selber Kunde wäre, wofür würde ich bezahlen?
- Welche Arbeiten muss ich durchführen, um die Wertschöpfung zu ermöglichen?
- Welche Tätigkeiten führe ich durch, die weder direkt wertschöpfend sind noch Wertschöpfung ermöglichen? Sind diese Tätigkeiten notwendig?
- Welche Tätigkeiten behindern die Wertschöpfung?
- Wodurch entstehen in meiner Arbeit Qualitätsfehler?
- Welche Beispiele für die ▶ sieben Arten der Verschwendung gibt es in meiner Arbeit?

Literatur und Links

Kostka, C./Kostka, S. (2007): Der Kontinuierliche Verbesserungsprozess.

Rote-Karte-Aktion

Begriff _____ Im Rahmen der Rote-Karte-Aktion machen sich die Mitarbeiter auf die Suche nach Verschwendung im Unternehmen und kennzeichnen diese, indem sie eine Rote Karte daran befestigen.

Anwendung _____ Die Rote-Karte-Aktion eignet sich ideal als Auftakt oder Einführungsveranstaltung, um möglichst viele Mitarbeiter unmittelbar und aktiv einzubinden. Sie setzt jedoch bei den Beteiligten ein Grundlagenwissen über den KVP und Verschwendung voraus.

- Benötigt werden: Eine Kurzpräsentation zum Thema Wertschöpfung und Verschwendung, Kenntnis der ▶ sieben Arten der Verschwendung, ausreichend Rote Karten und Befestigungsmaterial, Stifte und Schreibblöcke, Kleber, Schere, Digitalkamera (Einsatz vorher mit Betriebsrat klären! ▶ Rolle des Betriebsrates).
- Wichtig: Der Bereich muss frei verfügbar und zugänglich sein; alle Mitarbeiter des Bereiches, die nicht teilnehmen, müssen über die Aktion informiert sein.
- Im Ergebnis erhält man in der Regel einen Bereich, der mit Roten Karten gepflastert ist, was allen Beteiligten eindrucksvoll das Verbesserungspotenzial verdeutlicht.
- Im Anschluss an die Rote-Karte-Aktion werden die einzelnen Karten vorgestellt und durch die Mitarbeiter einzeln oder in kleinen Teams je nach definierter Lösung bearbeitet. Die Bearbeitung kann hierbei in einer direkten Aktion bestehen (was beispielsweise häufig bei Verschrottungen der Fall ist) oder auch in einer Überprüfung oder Weiterbearbeitung durch das KVP-Team zu einem anderen Zeitpunkt.

Vorgehen: Im Rahmen der Aktion werden die Mitarbeiter einzeln oder in Gruppen in den betreffenden Bereich geschickt mit der Aufgabe, die Verschwendungen, die sie erkannt haben, mit einer Roten Karte zu markieren. Auf dieser wird die Art der Verschwendung oder des erkannten Problems beschrieben und gleichzeitig durch eine Multiple-Choice-Auswahl (siehe Abbildung) das Vorgehen zur Beseitigung dieser Verschwendung definiert. Üblich ist es, dies zunächst im eigenen Bereich zu tun; es kann aber gerade im Hinblick auf die Betriebsblindheit auch sinnvoll sein, bereichsfremde Mitarbeiter hinzuzuziehen.

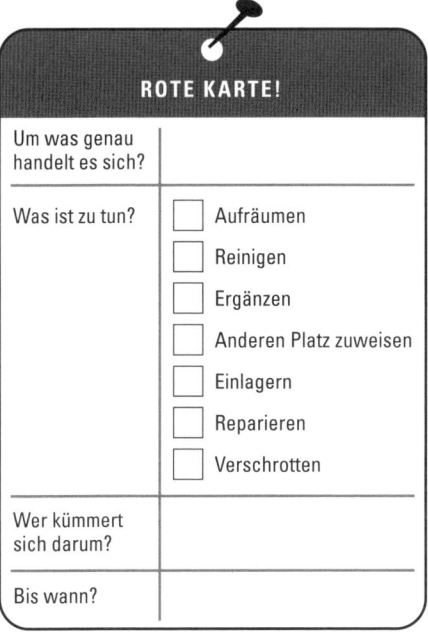

Praxistipps

- Nutzen Sie die Rote-Karte-Aktion als Praxisteil im Rahmen einer Kick-off-Veranstaltung. So kommen Sie sofort zu ersten KVP-Vorschlägen.
- Vermitteln Sie den Teilnehmern zuvor die Theorie von Wertschöpfung und Verschwendung und den sieben Arten der Verschwendung.
- Vermeiden Sie unbedingt Schuldzuweisungen der Teilnehmer à la «Ja wie sieht es denn hier aus?».
- Vermeiden Sie ebenfalls Rechtfertigungen der im betroffenen Bereich arbeitenden Mitarbeiter.
- Je nach Zustand des teilnehmenden Bereiches können sehr viele Rote Karten entstehen. Klären Sie im Vorfeld die Ressourcen zur Bearbeitung der Karten.

Literatur und Links

Menzel, F. (2009): Produktionsoptimierung mit KVP.

Schulung für KVP-Moderatoren

Begriff ____ Die ▶ KVP-Moderatoren sind der Motor des KVP im Tagesgeschäft. Sie fördern die Umsetzung und sorgen für ▶ Dokumentation und ▶ Visualisierung. Um als Ansprechpartner gewappnet zu sein, müssen den KVP-Moderatoren durch eine Qualifikation die nötigen Kenntnisse und grundlegende Methoden vermittelt werden.

Inhalte ____ Die Inhalte der Schulung richten sich nach dem Kenntnisstand der Mitarbeiter. Daher ist es in der Regel besser, sich ein individuelles Angebot eines Anbieters machen zu lassen, als ein Standardkonzept aus dem Katalog zu buchen. Das in der Tabelle skizzierte Konzept ist ein Vorschlag für einen zweitägigen Workshop.

Qualifizierungsworkshop für KVP-Moderatoren	
Ziel	**Inhalte**
Verständigung über die Grundlagen des KVP-Ansatzes	■ Einführung und Vorstellung ■ Wünsche und Erwartungen der Teilnehmer ■ Grundlagen des KVP in unserer Firma ■ Zielsetzung, Vorteile und Risiken von KVP ■ Ablauf und Phasen eines KVP vom Problem zur Lösung (PDCA-Zyklus) ■ Die acht Grundsätze der KVP-Philosophie
Sicherheit bei Mitarbeiterfragen zum Thema KVP, Definition der eigenen Rolle	■ FAQ zum KVP in der Firma ■ Rolle des Moderators: Verantwortung, Aufgaben, Pflichten ■ Der «rote Faden» zur Vorstellung des KVP gegenüber den Mitarbeitern
Vorbereitung auf schwierige Situationen	■ Umgang mit Gruppen ■ Spielregeln und Besprechungsregeln, Feedback, Lob, konstruktive Kritik ■ Umgang mit schwierigen Situationen oder schwierigen Mitarbeitern
Ergebnissicherung und Wissenstransfer	■ Ergebnissicherung: Maßnahmenplan Dokumentation und Visualisierung anhand konkreter Beispiele

Achten Sie in der Umsetzung der Qualifikation auf eine aktive Teilnahme der KVP-Moderatoren, indem Sie die erlernten Inhalte im Rahmen des Workshops sofort praktisch anwenden lassen.

Im Rahmen des ▶ KVP-Reviews sollten auch die Inhalte der Schulung auf ihre Vollständigkeit und Praxistauglichkeit hin überprüft werden.

Für die Moderation von Workshops sollten Moderationstechniken und Methoden in einer separaten Schulung vermittelt werden. Diese umfasst dann:

- Grundlegende Methoden zur Informationssammlung (Kartenabfrage, Ishikawa-Diagramm, Mindmap, Brainstroming)
- Moderationstechniken zum Gewichten und Priorisieren, um einen Entscheidungsprozess in der Gruppe herbeizuführen (Mehrpunkttechnik, Priorisierungshilfe)
- Führen von Maßnahmenplänen zur Zielerreichung

_____**Praxistipps**

Von der Qualifikation der KVP-Moderatoren hängt der anfängliche Erfolg des KVP ab. Für viele Mitarbeiter sind die Informationen, die sie vom KVP-Moderator erhalten, der erste Kontakt mit dem Thema KVP. Daher sollte viel Wert auf eine gute Qualität gelegt werden.
- Die Schulung der Moderatoren sollte zwei Wochen vor dem KVP-Start in dem jeweiligen Bereich erfolgen.
- Lassen Sie die KVP-Moderatoren nach der Schulung eine Selbsteinschätzung ihrer Fähigkeiten vornehmen
- Die Schulung wird durch einen erfahrenen, methodisch sicheren Moderator, zum Beispiel den KVP-Koordinator (intern) oder den begleitenden Berater (extern), durchgeführt.
- Geben Sie den KVP-Moderatoren die Möglichkeit, sich bei den ersten Einsätzen coachen zu lassen.
- Bei einer schrittweisen Einführung des KVP können die bereits erfahrenen KVP-Moderatoren die Schulung ganz oder zumindest teilweise übernehmen.

_____**Literatur und Links**

De Groot, M., et al. (2008): KVP im Team.

Begriff＿＿＿ Die Theorie von Wertschöpfung und Verschwendung und die daraus abgeleiteten sieben Arten der Verschwendung haben ihren Ursprung im japanischen Produktionsverständnis nach Toyota. Sie eignen sich ideal als gedanklicher Einstieg in das Thema kontinuierliche Verbesserung durch ▶ Kaizen oder KVP.

Theorie＿＿＿ Als Wertschöpfung werden die Arbeitsschritte bezeichnet, für die der Kunde bereit ist Geld zu bezahlen. Will der Kunde beispielsweise ein Loch in einem Metallstück, so ist er bereit dafür zu zahlen, dass dieses Loch in das Metallstück gebohrt wird. Dafür, dass vielleicht der Bohrer gewechselt werden muss oder die Bohrspäne weggekehrt werden müssen, zahlt der Kunde nicht. Diese Prozesse nennt man Verschwendung. Das Verhältnis zwischen Wertschöpfung und Verschwendung beträgt 10 Prozent zu 90 Prozent, wobei dies eher eine zugunsten des Wertschöpfungsanteils positiv gerundete Zahl ist.

Nun kann man darüber streiten, ob es nötig ist, nach jedem Bohrvorgang einen Besen zu nehmen und die Späne zusammenzufegen. Beim Wechsel eines Bohrers jedenfalls erscheint die Notwendigkeit dieser «Verschwendung» einleuchtend. Deshalb unterscheidet man die Verschwendungen in vermeidbare und nicht vermeidbare Verschwendungen. Unter die nicht vermeidbaren Verschwendungen fallen alle die Tätigkeiten, die getan werden müssen, um Wertschöpfung zu ermöglichen – Rüstvorgänge zum Beispiel. Vermeidbare Verschwendungen hingegen sind bares Geld, das zum Fenster hinausgeworfen wird.

Systematik＿＿＿ Um dieser Verschwendungsart auf die Spur zu kommen, wurde die folgende Systematik entwickelt.

Die sieben Arten der (vermeidbaren) Verschwendung in der Produktion	
Verschwendungsart	**Beispiel**
1. Überproduktion	Bei länger lagernder Überproduktion können sich Kundenwünsche ändern, Ware verstaubt oder wird beschädigt und muss nachgearbeitet oder schließlich weggeworfen werden.
2. Warten	Durch nicht abgestimmte Prozessschritte, oder Warten auf Anweisungen aufgrund mangelnder Qualifikation
3. Transport	Durch Transporte von und zu einzelnen Bearbeitungsschritten (evtl. in Niedriglohnländer) und zum Kunden

4. Fehler im Herstellprozess	Durch eine unlogische Abfolge von Arbeitsschritten, nicht standardisierte Rüstvorgänge, überflüssige Kontrollen
5. Bestände	Lager kosten und machen Bestandserfassungssysteme notwendig für Bestandspflege, Lageraus-, -ein- und -umbuchungen
6. Bewegung	Holen von Material, unnötige Verfahrwege bei Maschinen, zusätzliche Wege durch verstellte Transportwege
7. Qualitätsfehler	Entstehen durch nicht genügend gewartete Maschinen oder durch fehlerhafte Zulieferteile, die erst zu spät im Produktionsprozess entdeckt werden

Die verschiedenen Verschwendungen hängen oft unmittelbar zusammen. Werden beispielsweise Bestände gesenkt, weil in kleineren Losen produziert wird, erhöht sich automatisch die Verschwendung durch Transport. Dieser Umstand führt dazu, dass man sich bei der Jagd nach den Verschwendungen im Kreis dreht. Daher ist es zunächst wichtig, die Verschwendungen zu identifizieren und zu benennen.

Diese unter dem japanischen Begriff «Muda» (Verschwendung) gesammelten Verlustquellen sind ein wesentlicher Bezugspunkt für alle Verbesserungsaktivitäten. Weiterhin gibt es noch das «Muri». Darunter werden sowohl personelle Überbeanspruchungen als auch Fehlplanungen verstanden. Das «Mura» hingegen bezeichnet die Unausgeglichenheit, zum Beispiel Schwankungen in der Auslastung von Prozessen durch nicht abgestimmte oder nicht harmonisierte Fertigungskapazitäten. Die weitestgehende Eliminierung dieser «drei Mu» wie sie auch genannt werden, bildet im japanischen Verständnis den Schlüssel zum Erfolg von Verbesserungsmaßnahmen.

Praxistipps

Lassen Sie zum Beispiel im Rahmen der Kick-off-Veranstaltung die Mitarbeiter eigene Beispiele für die Verschwendungsarten aus ihrem Arbeitsumfeld finden, und nutzen Sie die so entstehende Liste, um weitere Mitarbeiter zu sensibilisieren.

Literatur und Links

Regber, H./Zimmermann, K. (2007): Change Management in der Produktion.

Begriff _____ Der Steuerungskreis ist ein übergeordnetes Gremium, das sich aus Geschäftsführung, Betriebsrat, ▶ KVP-Koordinator, ausgewählten Führungskräften sowie gegebenenfalls einem externen Berater zusammensetzt und über die strategische Einbindung des KVP entscheidet.

Aufgaben _____ Der Steuerungskreis ist in der Projektphase für die konzeptionelle Planung des KVP sowie seine strategische Ausrichtung zuständig. Er agiert unternehmensweit und nimmt sich demzufolge auch bereichsübergreifender Fragestellungen an. Die Aufgaben in der Projektphase sind:

■ Die Beschreibung des KVP-Managementsystems, also des Gesamtkonzeptes, mit dem der kontinuierliche Verbesserungsprozess eingeführt wird. Dazu gehören die Methoden, Werkzeuge, Ziele, KVP-Formate, Budget und Kennzahlen.

■ In größeren Firmen ist der Steuerungskreis auch für die Beratung des Vorstandes für die Gestaltung und Entwicklung des KVP, beispielsweise zur Vorbereitung einer Betriebsvereinbarung, zuständig.

■ Das Gremium dient weiterhin dazu, die entstehende KVP-Organisation mit der Gesamtorganisation der Firma zu synchronisieren, dass heißt, darauf zu achten, dass die Ausrichtung des KVP nicht mit anderen stattfindenden Maßnahmen oder Aufgaben (z. B. betriebliches Vorschlagswesen) in Konflikt gerät.

■ Schließlich wird im Steuerungskreis der Pilotbereich ausgewählt und über die personelle Besetzung der KVP-Moderatoren entschieden. Das Gremium legt fest, wer welche Rolle im Prozess übernimmt, ermittelt, in welchem Umfang Qualifizierungsbedarf vorhanden ist und auf welche Weise sichergestellt wird, dass die benötigten Qualifikationen auch stattfinden.

Im weiteren Verlauf des KVP ist der Steuerungskreis als prozessbegleitendes Gremium koordinierend tätig. Bei Bedarf können hierzu auch ▶ KVP-Moderatoren oder Mitarbeiter eingeladen werden. Im laufenden KVP hat der Steuerungskreis folgende Aufgaben:

- Er definiert und plant die übergreifenden KVP-Projekte und entwickelt den KVP auf der strategischen Ebene kontinuierlich weiter.
- Er überprüft im Rahmen eines turnusmäßigen Controllings (vierteljährlich) anhand der definierten Kennzahlen die Wirksamkeit der Umsetzung und gleicht sie mit den definierten Zielen ab.
- Er kann bei strittigen Bewertungen von KVP-Vorschlägen eingreifen, zum einen in der Funktion eines Schlichters, zum anderen als «Ermöglicher» für Vorschläge, bei denen größere Veränderungen (Umstellen von Maschinen, größere Investitionen) abgestimmt und beschlossen werden müssen.
- Er sorgt für die Entwicklung und Bereitstellung von Ressourcen zur Unterstützung der KVP-Teams, insbesondere der Unterstützungsorganisation der administrativen Bereiche.

_____**Praxistipps**

- Die Mitglieder des Steuerungskreises und hier vor allem die Vertreter der Firmenleitung und der Geschäftsführung gehen im KVP mit gutem Beispiel voran und lassen zu keinem Zeitpunkt Zweifel an der Wertigkeit und der Bedeutung des KVP aufkommen.
- Die regelmäßige Anwesenheit vor Ort, das Sich-erklären-Lassen von umgesetzten KVP-Vorschlägen, sowie die Teilnahme an Ergebnispräsentationen von Workshops senden an die Mitarbeiter das unmissverständliche Signal: «KVP ist uns wichtig, wir als Führungsmannschaft stehen voll und ganz dahinter!»

_____**Literatur und Links**

www.kvp-factory.de

Stundenworkshop

Begriff ____ Um in einer Gruppe Probleme zu bearbeiten, ist neben der moderatorischen Kompetenz vor allem ein gutes Zeitmanagement erforderlich. Das Schema des KVP-Stundenworkshops ermöglicht hier eine Orientierung im Vorgehen während eines sechzigminütigen Workshops.

Vorgehen ____ Die Zeitangaben in der Grafik dienen zur Orientierung.

1. Zu Beginn wird das Thema definiert. Was genau ist das Problem, über das wir heute reden – und was nicht? Diese Abgrenzung erfolgt schriftlich, damit man sich im weiteren Workshop nicht in zeitraubenden Diskussionen verzettelt.

Stundenworkshop

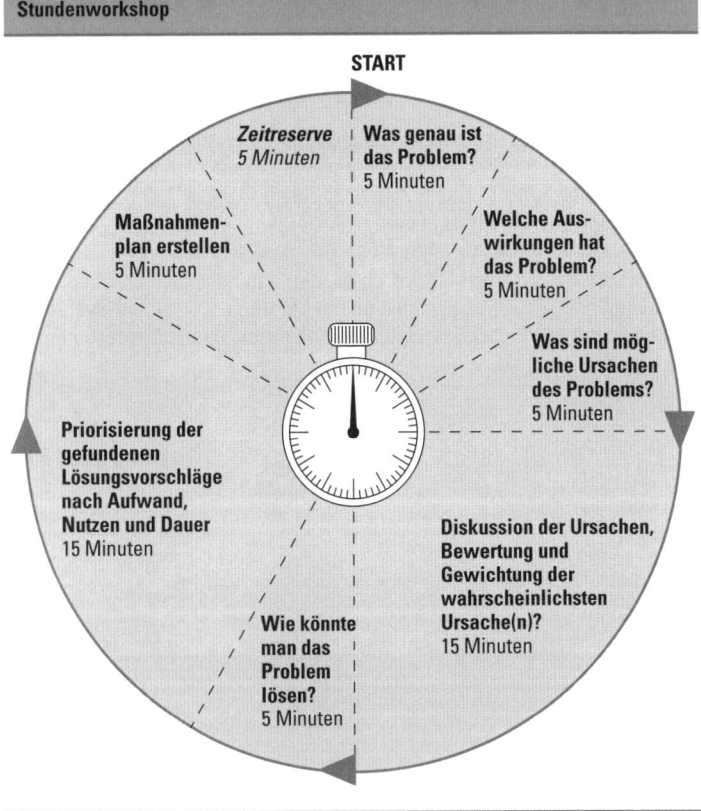

START

Zeitreserve
5 Minuten

Was genau ist das Problem?
5 Minuten

Maßnahmenplan erstellen
5 Minuten

Welche Auswirkungen hat das Problem?
5 Minuten

Was sind mögliche Ursachen des Problems?
5 Minuten

Priorisierung der gefundenen Lösungsvorschläge nach Aufwand, Nutzen und Dauer
15 Minuten

Diskussion der Ursachen, Bewertung und Gewichtung der wahrscheinlichsten Ursache(n)?
15 Minuten

Wie könnte man das Problem lösen?
5 Minuten

2. Auch die Auswirkungen des Problems und dessen mögliche Ursachen werden schriftlich festgehalten. Oftmals sind es nicht die naheliegenden Ursachen, sondern verdeckte Gründe, die das Problem entstehen lassen. Hier helfen Methoden wie die «5× Warum?»-Fragetechnik, um auf den wahren Kern des Problems zu stoßen. Diese Suche nach der wahrscheinlichsten Ursache nimmt erfahrungsgemäß viel Zeit in Anspruch.

3. Die in einem Brainstorming entwickelten Lösungsansätze werden in der Folge priorisiert und in einen Maßnahmenplan überführt, sodass jeder Teilnehmer genau weiß, wer bis wann für was verantwortlich ist.

4. Das Einhalten der einzelnen Phasen und das konsequente Visualisieren helfen auch weiter, wenn der gefundene Lösungsvorschlag keine Verbesserung bringt. Dann kann nämlich auf den nächsten Lösungsvorschlag zurückgegriffen oder die Diskussion auf andere mögliche Ursachen ausgedehnt werden.

Nach Beendigung des Workshops sollte eine umsetzbare Lösung gefunden sein, die mit Verantwortlichkeit und Datum als Maßnahme definiert wird und an die eine Erfolgskontrolle anschließt.

Praxistipps

- Unerfahrene KVP-Moderatoren können sich durch zu groß gewählte Problemausschnitte oder die falsche Auswahl einer Methode im Laufe eines Stundenworkshops inhaltlich hoffnungslos verzetteln. Hier ist es hilfreich, wenn ein erfahrener Moderator (z. B. der KVP-Koordinator) in den ersten Workshops coachend zur Seite steht und gegebenenfalls eingreift.
- Vorsicht vor Altlasten! Probleme, die im Unternehmen seit Jahren ungelöst sind, eignen sich in der Regel nicht zur Bearbeitung in Kurzworkshops.
- Die Treffen im Rahmen eines Stundenworkshops sollten ausschließlich der Problembearbeitung und Lösungsfindung dienen und nicht zur bloßen Gesprächsrunde verkommen, egal ob der Workshop im KVP-Raum oder vor Ort stattfindet. Die Erfahrung zeigt, dass es schwierig ist, in diesem Rahmen zu einem späteren Zeitpunkt wieder effizient und diszipliniert zu arbeiten, wenn einmal «der Schlendrian» eingekehrt ist.

Literatur und Links

Menzel, F. (2009): Produktionsoptimierung mit KVP.

Teamgedanke des KVP

Begriff ____ KVP lebt von der Teamleistung. Um aus einer zufällig zusammengestellten Gruppe von Mitarbeitern ein Team zu formen, sind eine gemeinsame Zielsetzung und ein gemeinsames Verständnis nötig.

Regeln ____ Bevor Mitarbeiter in der Lage sind, einander zu helfen oder sich gar selbständig zu organisieren, müssen Vertrauen und Verlässlichkeit in der Gruppe erlebbar sein. Ein wichtiger Bestandteil der ▶ Kick-off-Veranstaltung ist daher die Definition der gemeinsamen Spielregeln in der Gruppe für den KVP. Gleichzeitig stellt die Erarbeitung dieser Spielregeln auch eine Maßnahme zur Teambildung dar, da sich durch die Diskussion über Gemeinsamkeiten, geteilte Werte und verbindliche Absprachen eine Gruppenidentität bildet.

Beispiel für gemeinsam erarbeitete KVP-Regeln:

- Wir sind bereit, das gewohnte Denken und Handeln in Frage zu stellen.
- Wir sprechen Probleme offen an.
- Wir suchen Sachlösungen und nicht den Schuldigen.
- Wir sehen einen Fehler als Chance, uns zu verbessern.
- Wir sind bereit, Lösungen sofort umzusetzen und auszuprobieren.
- Wir prüfen auch Gutes darauf, ob es noch besser geht.
- Wir setzen Verbesserungen gemeinsam um.
- Wir beteiligen uns aktiv an Verbesserungen.
- Wir halten Standards ein und reagieren bei Abweichungen sofort.
- Wir betreiben ein aktives Ideenmarketing mit anderen Bereichen.

Die Liste wird als Poster mit den Unterschriften aller Gruppenmitglieder versehen und offen im Bereich ausgehängt. Durch das Aushängen im Bereich wird eine Selbstverpflichtung eingegangen und damit wird erreicht, dass die Mitarbeiter sich selbst und die anderen Mitglieder der Gruppe auf einen Standard festlegen und im Bedarfsfall auch von Außenstehenden auf die Nichteinhaltung hingewiesen werden können.

Für Teamsitzungen und Workshops sollte der Umgang der Gruppenmitglieder untereinander in Form von Spielregeln festgelegt werden, denn nicht jedem ist es gegeben, in Situationen, in denen es hoch hergeht, sachlich zu bleiben. Die Regeln werden sichtbar für alle im Raum aufgehängt. Der KVP-Moderator achtet auf ihre Einhaltung.

Regeln für Teamsitzungen und Workshops

- Pünktlichkeit und verbindliches Erscheinen bzw. rechtzeitige Absage bei Nichterscheinen
- Störungen vermeiden (z. B. Handyklingeln, aus dem Workshop gerufen werden)
- Einander ausreden lassen
- Vorschläge nicht schlechtreden, sondern Alternativen bringen
- Verbesserungen im eigenen Bereich suchen
- Nicht enttäuscht sein, wenn einmal eine eigene Idee nicht zum Zuge kommt oder wieder abgesetzt/abgelöst wird, weil eine andere Idee besser war
- Bereit sein, etwas auszuprobieren, auch wenn man das Gefühl hat, «das kann nichts werden»
- Im Maßnahmenplan keine abwesenden Personen als verantwortlich notieren, um Arbeit wegzuschieben

_____ **Praxistipps**

Der Teamgedanke kann natürlich auch von außen unterstützt werden, indem beispielsweise teambildende Aktivitäten wie Outdoor-Veranstaltungen oder gemeinsame Feiern, Fußballturniere oder Ähnliches durchgeführt werden.

_____ **Literatur und Links**

Rehm, S. (1999): Gruppenarbeit.

Unternehmenskultur

Begriff _____ Jedes Unternehmen hat seine spezifischen Eigenarten, die geformt durch äußere Einflüsse, die angebotenen Produkte und Dienstleistungen, die Unternehmensgeschichte, die Belegschaft und die Art der Führung in einer Unternehmenskultur kulminieren: «So sind wir hier, so machen wir das hier.»

Vergleich _____ Die Veränderungsbereitschaft, die der KVP fordert, ist Trainingssache und kann nur durch fortlaufendes Anwenden und Ausprobieren, die Anerkennung durch die Führungskräfte und das Auftreten positiver Effekte systematisch weiterentwickelt werden. Die Veränderungen in der Kultur eines Unternehmens sind schwer messbar, sie lassen sich am ehesten am konkreten Verhalten der Mitarbeiter ablesen.

Unterschiede in der Unternehmenskultur	
Merkmale der alten Kultur	**Merkmale der KVP-Kultur**
Trennung von Ausführung und Kontrolle, wenig Freiräume des Einzelnen, Handeln auf Anweisungen	Mitarbeiter handeln eigenverantwortlich, Freiräume zur Gestaltung
Fehlervermeidung: Fehler und Probleme werden als Bedrohung angesehen (Schuldzuweisungen und Bestrafen von «Schuldigen»)	Fehlerkultur: Fehler/Probleme werden als Chance/Herausforderung begriffen (Lösungssuche)
Symptomatisch bestimmtes Denken und Handeln	Denken/Handeln innerhalb von Ursache-Wirkungs-Zusammenhängen
Hierarchisch geführte Mitarbeiter	Integrierender Führungsstil
Führen durch Macht oder Angst	Führen mit Zielen und Zielvereinbarungen
Führungskraft als Aufgabenverteiler/Alleinwissender	Führungskraft als Problemlöser/«Kümmerer»
Einzelne «Experten» und Mitläufer	Gemeinschaftssinn, Teamleistung zählt
Einfachqualifikation	Mehrfachqualifikation der Mitarbeiter
Sofort Gesamtprojekte starten	Erfahrungen im Pilotbereich sammeln; schrittweises, iteratives Vorgehen
Ausschließlich Top-down-Vorgehen bei Planung, Ausführung sowie Information und Kommunikation	Die Führung definiert den Gestaltungsrahmen. Die Umsetzung erfolgt bottom-up im Rahmen von Zielvereinbarungen
Informationsmonopole, wenige Mitarbeiter kontrollieren den Prozess	Alle sind informiert, transparente Prozesse

Da die meisten Menschen ein elementares Bedürfnis nach Sicherheit haben, ist die durch den kontinuierlichen Verbesserungsprozess ausgelöste «kreative Unruhe» zunächst einmal etwas, das manchen Mitarbeiter in eine passive Abwehrhaltung oder gar in die aktive Konfrontation gehen lässt. Das Neue ist ungewohnt, bedeutet mehr Aufwand, und schließlich hat das Alte doch gut funktioniert. Daher ist nicht jeder Mitarbeiter begeistert, wenn seine gewohnten Arbeitsabläufe eine Änderung erfahren. Zwar wird im Alltag häufig genug über Missstände geklagt, aber wer weiß denn schon, ob eine Veränderung tatsächlich auch eine Verbesserung bringt – also besser nichts ändern. Diese Tendenz zum Festhalten am Althergebrachten nennen wir «organisatorischen Konservatismus».

Die Kultur eines Unternehmens ändert sich üblicherweise nicht auf einen Schlag. Es sind langsame, kontinuierliche Prozesse, die immer wieder eine Bestätigung durch die Führungskräfte brauchen, um nicht wieder in alte Muster zurückzufallen.

Praxistipps

Binden Sie die Auszubildenden frühzeitig aktiv in den KVP ein. Sie werden die erste Generation sein, die ein Unternehmen ohne KVP nicht kennt.

Literatur und Links

Schein, E.H./Hölscher, I. (2003): Organisationskultur.

Visualisierung

Begriff _____ Die Visualisierung dient der strukturierten Darstellung von notwendigen Informationen im KVP mit dem Ziel, die nötige Transparenz zu erzeugen und so wiederum die Bereitschaft zur Teilnahme am KVP zu fördern.

Nutzen _____ Durch die Visualisierung werden Arbeitssicherheit und Prozesssicherheit gefördert. Gleichzeitig trägt sie dazu bei, dass sich die Anzahl der Rückfragen beim ▶ KVP-Moderator und beim Vorgesetzten verringert und die Mitarbeiter so selbständiger arbeiten können. Durch ein vorbildlich umgesetztes visuelles Management kann sich auch ein neuer Mitarbeiter oder ein Außenstehender sofort problemlos in der Firma oder im Bereich orientieren.

Folgende Regeln sind für die Visualisierung wichtig:

■ Informationen müssen tagesaktuell sein, das heißt, es ist jeden Tag (bzw. regelmäßig) zu kontrollieren, ob die Informationen noch gültig sind.

■ Für jede visualisierte Information gibt es einen Ansprechpartner mit Telefonnummer und eine definierte Zuständigkeit.

■ Der Stil der Informationen, deren Aufbereitung und die Präsentation zum Beispiel an KVP-Infotafeln sollten firmenintern standardisiert sein.

■ Informationen dürfen nur vom Herausgeber geändert werden. Alle weiteren Ergänzungs- oder Änderungswünsche sind über den KVP-Moderator oder ▶ KVP-Koordinator zu initiieren.

■ Informationen müssen einfach, übersichtlich und leicht verständlich sein («Schülerniveau»). Das bedeutet auch, dass verstärkt mit Bildern gearbeitet wird und besonders die Zahl der Diagramme und Kennzahlen auf das Wichtigste reduziert sein muss.

■ Für die wiederkehrenden Informationen gibt es verbindliche, standardisierte Vorlagen, die zum Beispiel im Intranet bereitgestellt werden.

Die ▶ Dokumentation von Ergebnissen in Form von umgesetzten KVP-Vorschlägen ist bereits ein erstes Beispiel für Visualisierung. Weiterhin ist die Visualisierung ein wichtiges Instrument, wenn es darum geht, Informationen schichtübergreifend zu verteilen. Bei unregelmäßig auftretenden Arbeiten kann die Visualisierung als Erinnerungsstütze hilfreich sein.

Visualisierung	
Leitlinien und Ziele	■ Unternehmens- und Bereichsziele ■ KVP-Ziele im Bereich
Zahlen, Daten, Fakten	■ KVP-Kennzahlen wie Anzahl der Vorschläge, Beteiligungsgrad oder Reaktionsdauer
Prozessinformationen	■ Prozessverantwortliche
Standards	■ Arbeitsanweisungen (single point lesson) ■ FAQ ■ Bilder von umgesetzten KVP-Vorschlägen, Vorher-nachher-Bilder
Allgemeine Informationen	■ Bekanntmachungen ■ Öffentlichkeitsarbeit, Fachartikel zu KVP ■ Workshoptermine/Terminänderungen

Durch die Verwendung eines Logos für den KVP können die KVP-Informationen schnell von anderen Informationen unterschieden werden.

Praxistipps

Um zu verhindern, dass sich über die Zeit zu viele Informationen ansammeln, steht auf jeder Information ein «Haltbarkeitsdatum», nach dessen Überschreitung die Information erneuert oder entfernt werden muss.

Literatur und Links

Seifert, J.W. (2001): Visualisieren Präsentieren Moderieren.

Wertschätzung und Anerkennung

Begriff ____ Wertschätzung, Lob und Anerkennung sind weithin unterschätzte Motivatoren. Beinahe jede Mitarbeiterbefragung weist hier aus Sicht der Mitarbeiter ein Defizit aus. Die Mitarbeiter lechzen nach Anerkennung, aber alles, was gut läuft, wird als «normal» angesehen. Wir Menschen sind eben Negativwahrnehmer und kritisieren lieber, wenn etwas nicht läuft. Viele Führungskräfte vergeben hier ein enormes Potenzial. Eine ehrlich gemeinte Anerkennung kostet nichts und bringt viel. Wichtig ist dabei, nicht den einzelnen Mitarbeiter, sondern immer das Team in den Mittelpunkt zu stellen.

Anwendung ____ Schaffen Sie Aufmerksamkeit für die Veränderungen, indem Sie sie «an die große Glocke hängen». Belohnen Sie erfolgreiche Teamleistungen, schaffen Sie Öffentlichkeit für die Prozesserfolge und Fortschritte. Motivieren Sie durch kleine Gesten!

- Spendieren Sie dem Team im Rahmen des Workshops eine Runde belegte Brötchen und frischen Kaffee.
- Spendieren Sie beispielsweise einem Workshopteam ein Frühstück oder laden Sie die Mitarbeiter zum Bowling ein. Diese Art von direkter Anerkennung durch die Honorierung der gemeinsamen Leistung und das Publizieren und Visualisieren des Gruppenerfolges kostet vergleichsweise wenig, bewirkt aber viel im Hinblick auf das Teamgefühl.
- Würdigen Sie die Gruppe oder den Bereich mit den besten, meisten oder originellsten Ideen.
- Würdigen Sie die «KVP-Durchstarter», also das Team, das sich im vergangenen Jahr am besten entwickelt hat.
- Nutzen Sie im Rahmen der Anerkennung von Teamleistung auch die Anwesenheit von höhergestellten Führungskräften. Je höher die Führungskraft in der Hierarchie steht, desto wertvoller wird von den Mitarbeitern die Würdigung des eigenen Beitrages empfunden.
- Visualisieren Sie die Erfolge des Teams öffentlich über die ihnen zur Verfügung stehenden Medien wie Mitarbeiterzeitung, Intranet etc.
- Beziehen Sie Ihr Team in Fragestellungen mit ein, die früher ohne sie entschieden wurden (z. B. Mitarbeit an einem Kriterienkatalog bei der Anschaffung neuer Maschinen etc.).

Auch das Erreichen von Zielen wirkt in der Regel motivierend. In diesem Sinn kann durch eine gemeinsam erarbeitete Zielvereinbarung für den jeweiligen Bereich ein Anreiz für die Mitarbeiter bestehen, sich zu beteiligen. Definiert man beispielsweise als Ziel pro Mitarbeiter zwei KVP-Vorschläge im Jahr, so ist dies für die Mitarbeiter eine überschaubare und handhabbare Größe, die sie erreichen können. Falls die bloße Anzahl der Vorschläge dazu führt, dass die Vorschläge zu trivial werden, kann man die Zielvereinbarung durch ein Punktesystem ergänzen. Ein solches System könnte beispielsweise so aussehen:

- 1 Punkt für die bloße Problembeschreibung
- 2 Punkte für eine ausführliche Beschreibung mit Problemursachen, mit Zeichnung oder Foto
- 3 Punkte für einen zusätzlichen Lösungsvorschlag
- 4 Punkte für eine detailliert beschriebene Lösung
- 5 Punkte für eine umsetzungsreife Lösung mit klar definiertem, möglicherweise sogar durchgerechnetem Effekt

Die Zielvereinbarung würde dann nicht über die Anzahl der KVP-Vorschläge, sondern über die Summe der Punkte geschlossen, sodass der Bereich nicht nur über die Anzahl, sondern auch über die Qualität der eingereichten bzw. bearbeiteten Vorschläge seine vereinbarte Zielpunktzahl erreichen kann.

_____**Praxistipps**

Lob und Anerkennung müssen authentisch sein. Wer nach außen hin lobt, es innerlich aber als lästige Pflicht oder aufgesetzte Maßnahme empfindet, wird von den Mitarbeitern durchschaut. Dann verkehrt sich die Anerkennung ins Gegenteil.

_____**Literatur und Links** 📖

www.kvp-factory.de

Widerstand

Begriff _____ Als Widerstand bezeichnen wir eine ablehnende Haltung, die sich vom ▶ Desinteresse durch aktive Handlungen und eine offen zur Schau gestellte Weigerung gegenüber dem KVP unterscheidet.

Gründe _____ Neben den Mitarbeitern, die aufgrund einer akuten Problematik dem KVP zumindest temporär den Rücken kehren, gibt es auch solche, die sich offen oder verdeckt von Anfang an gegen den KVP stellen. Die Gründe hierfür können vielfältig sein:

- Schlechte Erfahrungen in der Vergangenheit; der Mitarbeiter ist beleidigt, weil er sich ungerecht behandelt fühlt
- Konflikte an anderer Stelle
- Angst davor, in Zukunft durch Vorschriften, wie gearbeitet werden muss, weniger Freiheitsgrade zu haben
- «Meine Arbeit ist nach der Veränderung weniger Wert oder ich muss mehr arbeiten.»
- «Was ich heute kann, kann bald jeder – ich bin ersetzbar.»
- «Ich bin nicht mehr der Experte, den alle fragen müssen, mein Ansehen in der Firma sinkt.»
- «Meine Arbeit wird schlechter bezahlt.»
- «Ich muss mühsam neue Inhalte lernen und stelle mich dabei vielleicht für andere sichtbar ungeschickt an.»
- «Vielleicht muss ich an einer anderen Stelle oder mit anderen Leuten zusammenarbeiten.»
- «Meine Arbeitsinhalte verändern sich. Möglicherweise muss ich Arbeiten verrichten, die ich gar nicht will.»

Letztlich steckt hinter jedem Widerstand, jeder Weigerung eine Befürchtung. Erst wenn man an diese Befürchtung herankommt, hat man einen Hebel in der Hand, um den Widerstand zu bearbeiten. Zunächst aber gilt es, diese Widerstände ernstzunehmen und als individuellen Beitrag zur Auseinandersetzung mit dem Thema KVP zu würdigen. Nach der Akzeptanz der Position des Mitarbeiters kann man durch Fragen gezielt die Befürchtungen herausfinden und konkretisieren. Gute Fragen in diesem Zusammenhang sind:

- Was genau befürchten Sie in diesem Zusammenhang?
- Wo genau sehen Sie für sich oder andere Schwierigkeiten?
- Was müsste sich ändern, damit Sie diese Befürchtung nicht mehr haben?
- Was würden Sie sofort ändern, wenn Sie die Möglichkeit dazu hätten?
- Wodurch könnte der KVP Ihrer Meinung nach gestört werden oder gar scheitern?

Im Rahmen eines KVP sollten die Werkzeuge zum Einrichten offen zugänglich an der Maschine aufbewahrt werden. Die bisher gebräuchlichen Werkzeugwagen sollten damit abgeschafft werden. Vor allem die älteren Einrichter wehrten sich gegen diese Veränderung. Der Grund kam erst nach und nach zum Vorschein: Die älteren Mitarbeiter hatten den Eindruck, bei der körperlich harten Arbeit nicht mehr mit den jüngeren mithalten zu können, und hatten sich aufgrund ihrer langjährigen Erfahrungen zum Teil in Heimarbeit Hilfswerkzeuge kreiert, die ihnen das Arbeiten erleichtern. Diese Werkzeuge wurden als «ausgleichender Wettbewerbsvorteil» sorgfältig in den Tiefen des Werkzeugwagens ver- steckt ... Erst als in mehreren Gesprächen die Befürchtungen der Einrichter auf den Tisch kamen, konnte das Unternehmen reagieren und den Einrichtern zusagen, dass sie sich im Rahmen der Veränderung nicht verschlechtern, das heißt ihre Arbeit behalten würden. Als diese Hürde genommen war, waren die Einrichter bereit, überhaupt darüber nachzudenken, ihre Werkzeugwagen aufzugeben. Im weiteren Verlauf konnten einige Werkzeuge standardisiert und für alle Einrichter nutzbar gemacht werden. Neben der Prämie wurden die modifizierten Werkzeuge als weitere Anerkennung firmenintern nach ihren Erfindern benannt («Schubert-Schrauber»).

Literatur und Links

Menzel, F. (2009): Produktionsoptimierung mit KVP.

Zielsetzung im KVP ✓

Begriff _____ Der Erfolg in der Umsetzung und somit das Ergebnis eines Veränderungsprozesses hängen maßgeblich von der Formulierung der Ziele ab. Nur wenn die Ziele für eine Veränderung im Vorfeld genau festgelegt sind, kann das Ergebnis beurteilt und über den Erfolg oder Misserfolg entschieden werden. Ebenso ist eine Veränderung nur zu bewerten, wenn die Ausgangssituation, der Ist-Zustand, vor einer Veränderungsmaßnahme in Daten und Fakten festgehalten wird.

Nutzen _____ Es gibt keine Garantie zur Zielerreichung, aber die folgenden Faktoren machen es wahrscheinlicher, dass man ein Ziel tatsächlich auch erreicht. Ein Ziel sollte folgende Eigenschaften besitzen:

- konkret und präzise (wer? was? wo? wie? wann?),
- positiv formuliert,
- realistisch erreichbar,
- terminiert,
- selbst initiierbar,
- ökologisch (mit der Umwelt verträglich),
- messbar, in Teilziele unterteilbar.

Die folgende Checkliste zur Formulierung von Zielen kann Ihnen helfen, die Ziele Ihres KVP zu konkretisieren.

1. Welches Ziel verfolgen wir mit der Einführung von KVP?
2. Wie sieht der angestrebte Zielzustand aus? Wodurch unterscheidet er sich vom jetzigen Ist-Zustand?
3. Ist das Ziel positiv formuliert?
4. Wer ist wie am KVP direkt beteiligt oder aktiv eingebunden?
5. Wer ist indirekt betroffen?
6. Wann soll begonnen werden?
7. Wo soll begonnen werden?
8. Wie gehen wir genau vor?
9. Ist das Ziel (aus eigener Kraft) erreichbar?
10. Was könnten Hindernisse auf dem Weg zum Ziel sein?

11. Ist der gesetzte Zeit-, Geld- und Personalrahmen realistisch?
12. Hat das Ziel einen zeitlich fest definierten Endpunkt?
13. Mit welchen transparenten Kriterien überprüfen wir den Erfolg?
14. Welche terminierten Teilziele (A, B, C) beinhaltet das Ziel?
15. Wie und wann wird die Erreichung der Teilziele überprüft?
16. Was passiert, wenn ein Teilziel nicht erreicht wird?
17. Was ändert sich für die Führungskräfte, für die Mitarbeiter und für die Firma, wenn wir mit dem Veränderungsprozess beginnen?
18. Was könnte sich auf dem Weg zur Zielerreichung ändern?
19. Was ändert sich, wenn wir das Ziel erreicht haben?
20. Was passiert, wenn wir das Ziel insgesamt nicht erreichen?

_____ **Praxistipps**

Es ist hilfreich, wenn Sie diese Fragen schlüssig und nachvollziehbar beantworten können, um mit den nachfolgenden Hierarchiestufen über die konkrete Ausprägung der mit dem KVP verbundenen Unternehmensziele ins Gespräch zu kommen. Die schriftliche Beantwortung dieser Fragen hat sich als vorteilhaft erwiesen, da die konkrete Formulierung von Antworten häufig erst Widersprüche oder Ungereimtheiten zutage treten lässt.

_____ **Literatur und Links**

Kostka, C./Kostka, S. (2007): Der Kontinuierliche Verbesserungsprozess.

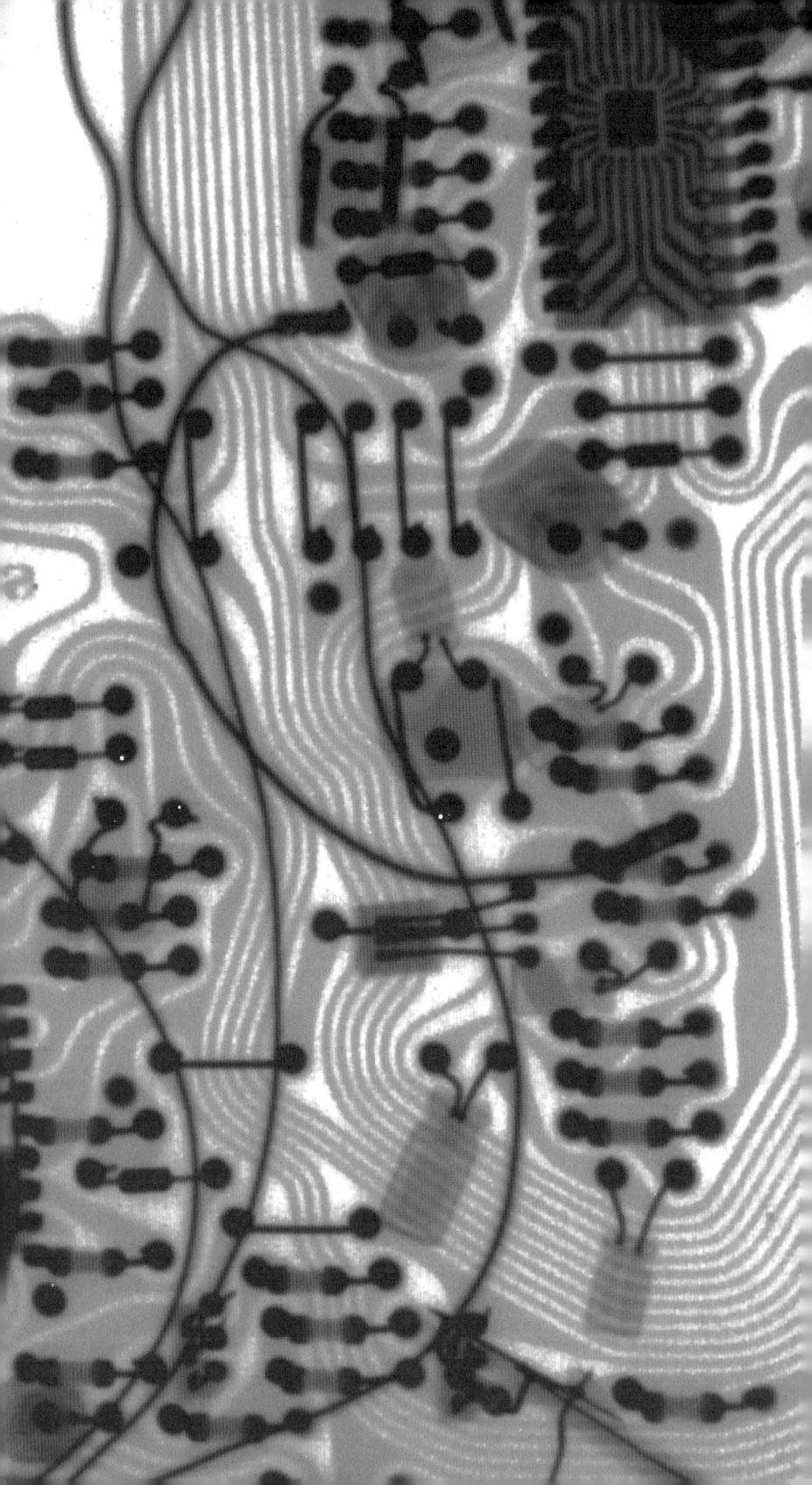

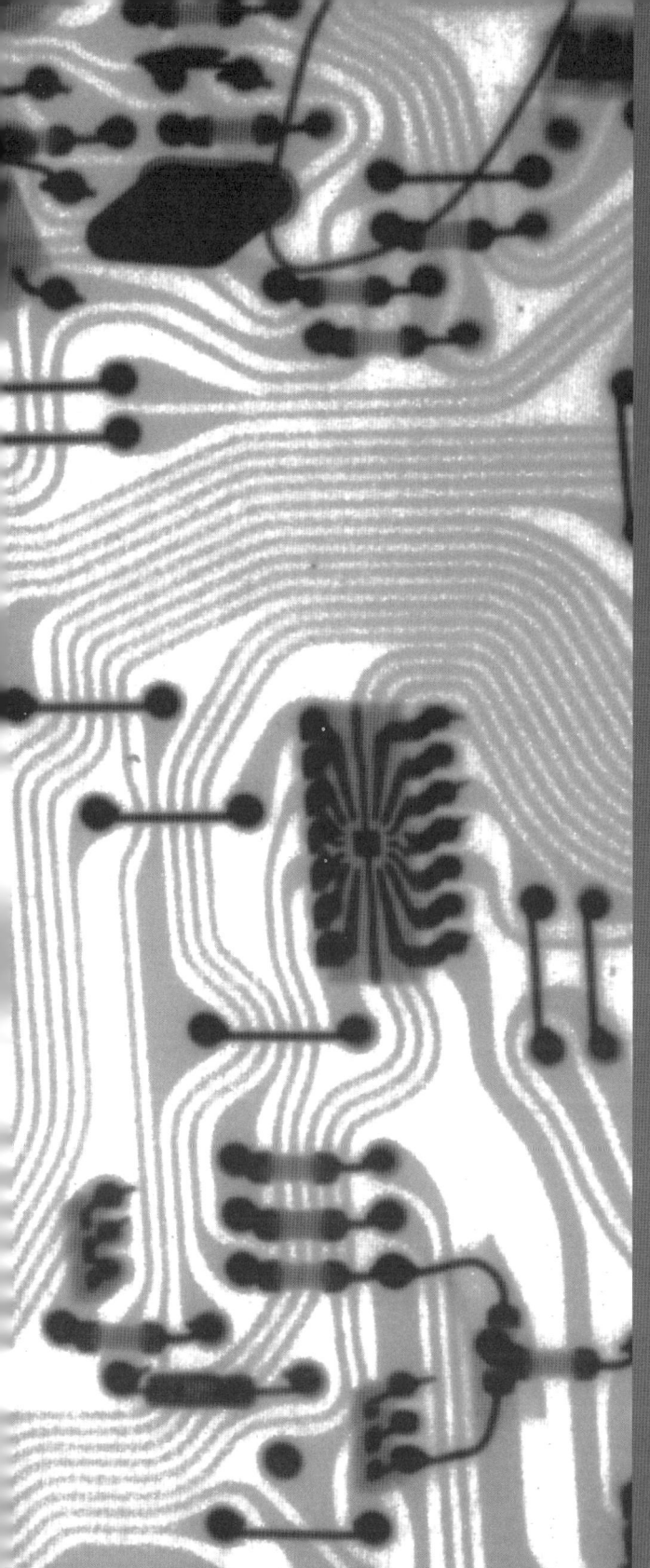

KVP und Kaizen: Beispiele

Wenn wir in einem Unternehmen über die Potenziale und Möglichkeiten von KVP reden, werden wir häufig nach konkreten Beispielen gefragt. Was ist denn eigentlich ein KVP-Vorschlag? Den Papierkorb von rechts nach links zu stellen, oder der Vorschlag, der dem Unternehmen jedes Jahr zigtausende Euro einspart? Der Ruf nach konkreten Beispielen zeigt auch, dass sich viele Unternehmen noch nicht intensiv mit der Beteiligung der Mitarbeiter an der Gestaltung ihrer eigenen Arbeit auseinandergesetzt haben.

Die Reaktionen auf die einzelnen KVP-Dokumentationen sind vielfältig. Manches erscheint trivial («Das machen wir schon längst!»), anderes abwegig («Das geht bei uns nicht!»). Letztlich kann ein Beispiel immer nur ein grundlegendes Prinzip illustrieren, von dem aus die Abstraktion und die Übertragung auf die eigene Arbeitssituation erfolgen müssen.

Daher haben wir im Folgenden einige Beispiele aus der Praxis vom Kleinstvorschlag bis zum Top-Vorschlag zusammengestellt, um die Bandbreite des Einsatzes von KVP zu dokumentieren.

Wir orientieren uns hierbei am Modell der ▶ Ideenpyramide und haben zur leichteren Orientierung ein stilisiertes Modell mit der jeweiligen Stufe in die Dokumentationen integriert.

Zusätzlich leiten wir aus jedem Vorschlag das Grundprinzip ab, um so Lösungen für weitere Anwendungsfelder zu finden.

Für die Erlaubnis, Vorschläge und Fotomaterial nutzen zu dürfen, möchten wir uns bei folgenden Unternehmen herzlich bedanken:

- Stadtwerke Leipzig GmbH
- August Mink KG, Göppingen
- Festo AG, Esslingen
- K+S Aktiengesellschaft, Kassel
- Warema Sonnenschutztechnik GmbH, Limbach-Oberfrohna

Manometerschutz

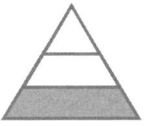

Problem —— Ein an der Maschine befindliches Manometer kann nicht abgelesen werden, da es defekt ist.

Ursache —— Durch die ungünstige Position des Manometers an der Maschine kann es, zum Beispiel beim Anliefern von Material, durch Kollision mit dem Hubwagen beschädigt werden. Dies ist in der Vergangenheit bereits mehrmals geschehen, sodass jeweils ein Austausch des Manometers nötig wurde.

Lösung —— Da es ohne erheblichen Mehraufwand nicht möglich gewesen wäre, das Manometer sinnvoll an einer anderen Stelle der Maschine zu platzieren, wurde aus einem Metallrohr eine Schutzmanschette für das Manometer angefertigt.

Effekt —— Das Manometer ist geschützt und ist seit der Umsetzung dieses KVP nicht mehr beschädigt worden.

Grundprinzip —— Vermeidung von Beschädigung oder Verschleiß durch Schutz.

Ableitung —— Wo gibt es im Unternehmen noch Beschädigungen durch mechanische Einflüsse?

Ablage

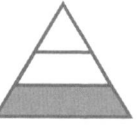

Problem_____ Kleinteile wie Unterlegscheiben fehlen für den Umbau einer Maschine und müssen gesucht oder ersetzt werden.

Ursache_____ Unterlegscheiben, die nur bei dem Umbau auf spezielle Produktvarianten benötigt werden, liegen frei auf dem Maschinenkörper und fallen durch Berührung oder Vibration herunter. Es fehlt eine sichere Ablagemöglichkeit.

Lösung_____ Eine einfache Ablage (hier das selbstgebastelte Provisorium aus Pappe) wird an der Maschine angebracht.

Effckt_____ Dic Unterlegscheiben können abgelegt werden und stehen beim Umbau der Maschine zur Verfügung. Der Suchaufwand entfällt.

Grundprinzip_____ Vermeidung von Suchaufwand durch definierte Ablagen.

Ableitung_____ Wo fehlen noch Ablagen? Wo entsteht Suchaufwand durch nicht definierte Lagerorte?

Schachtverkleidung

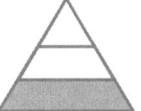

Problem⸺ Durch Verschmutzung kommt es zum Maschinenausfall.

Ursache⸺ Durch den offenen Schacht dringen Späne in das Innere der Maschine und können dort Störungen verursachen.

Lösung⸺ Der offene Schacht wird mit einer Schachtverkleidung abgedeckt, sodass jetzt deutlich weniger Schmutz in die Maschine gelangt.

Effekt⸺ Der Reinigungszyklus für das innere der Maschine konnte deutlich verlängert werden. Stillstände durch Verschmutzung treten nicht mehr auf.

Grundprinzip⸺ Vermeidung von Verschmutzung und der daraus resultierenden Beeinträchtigung der Funktion.

Ableitung⸺ Wo entstehen noch verschmutzungsbedingt Funktionsbeeinträchtigungen?

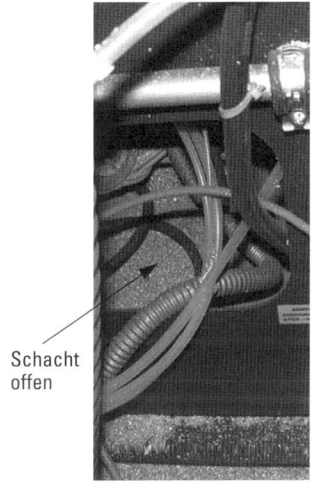

Schacht
offen

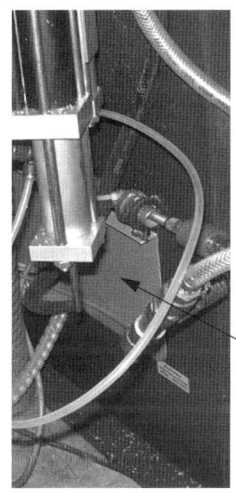

Schacht
abgedeckt

Kleinteilzuführung

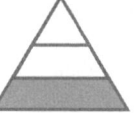

Problem —— Kleinteile fallen auf den Boden oder lassen sich schlecht greifen.

Ursache —— Die Kleinteile werden in Pappschachteln angeliefert, die im Laufe der Zeit aufreißen. Weiterhin muss der Bediener mit den Fingern suchen, wenn nur noch wenige Teile in der Schachtel sind.

Lösung —— Die Materialbereitstellung erfolgt über Kunststoffrohre Die Kleiteile können von außen nachgefüllt werden und rutschen durch die schräggestellten Rohre automatisch nach.

Effekt —— Die Kleinteile sind jederzeit verfügbar und fallen nicht mehr auf den Boden. Mehrere Minuten Arbeitszeit können so am Tag eingespart werden.

Grundprinzip —— Vereinfachung des Handlings.

Ableitung —— Wo gibt es noch Probleme bei der Bereitstellung oder dem Handling von Material?

Schnellspannvorrichtung

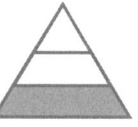

Problem ____ Um eine Vorrichtung umzurüsten, müssen Verschraubungen mit einem Werkzeug gelöst werden.

Ursache ____ Als Befestigung wurden einfache Verschraubungen mit langem Gewindegang verwendet. Sie mit dem entsprechenden Schraubendreher zu lösen, kostet Zeit.

Lösung ____ Die konventionelle Verschraubung wurde durch ein Schnellspannsystem mit Griff ersetzt. Der Einsatz eines Werkzeuges entfällt.

Effekt ____ 30 Sekunden Zeitersparnis je Rüstvorgang bei 8 bis 12 Rüstvorgängen pro Schicht.

Grundprinzip ____ Einfaches Handling durch kostengünstige und intelligente Betriebsmittel.

Ableitung ____ Wo finden noch Umrüstvorgänge statt, bei denen aufwendige Schraubverbindungen verwendet werden?

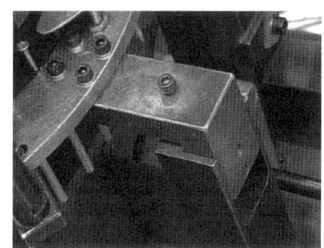 

Feuerwehrwagen

Problem —— Bei Arbeiten mit offenem Feuer ist es vorgeschrieben, geeignete Löschgeräte und Löschmittel in Arbeitsnähe bereitzuhalten.

Ursache —— Der Transport der Löschmittel ist umständlich, zum Teil mit Suchen und erhöhtem Wegeaufwand verbunden.

Lösung —— Es wurde ein «Feuerwehrwagen» konstruiert, auf dem alle notwendigen Kleinstlöschgeräte griffbereit untergebracht sind.

Effekt —— Mit den mobilen Feuerwehrwagen, die an einem zentralen Platz bereitstehen, können nun die benötigten Löschmittel sicher und schnell zum Einsatz transportiert werden. In der Folge ergibt sich neben der Zeitersparnis auch eine ergonomische Verbesserung des Transportes.

Grundprinzip —— Einfacher Transport und definierte Bereitstellung von Material.

Ableitung —— Wo entstehen noch unnötige Wege oder Transporte im Unternehmen? Können Transporte durch mobile Vorrichtungen vereinfacht werden?

Prüfsiegel

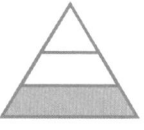

Problem ——— Hoher Prüfaufwand bei ortsveränderlichen Betriebsmitteln, wie zum Beispiel Kabelverlängerungen.

Ursache ——— Die Betriebsmittel müssen jedes Mal nach Entnahme geprüft werden, obwohl sie häufig nur prophylaktisch mitgenommen wurde und nicht in Gebrauch waren.

Lösung ——— Die Betriebsmittel werden mit einem Papiersiegel gekennzeichnet, auf dem zusätzlich das Datum notiert wird. So ist auf einfache Weise der Gebrauch oder Nichtgebrauch erkennbar. Die vorgeschriebenen turnusmäßigen Prüfungen bestehen weiterhin.

Effekt ——— Der Prüfaufwand verringert sich um circa 30 Stunden im Jahr. Gleichzeitig müssen die Betriebsmittel, die nicht in Gebrauch waren, nicht mehr separat gelagert werden, sondern können sofort wieder eingelagert werden und stehen so wieder zur Verfügung.

Grundprinzip ——— Vermeidung unnötiger Arbeitsschritte.

Ableitung ——— Welche weiteren Prüfvorgänge können im Unternehmen durch Visualisierung vermieden werden?

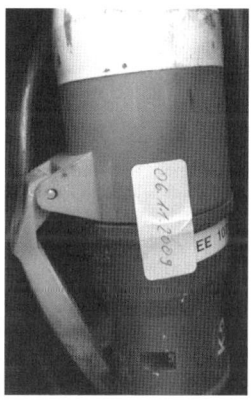

Eckschaufeln

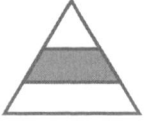

Problem —— Die Eckschaufeln für ein Krähl-
werk werden in rechter und linker Bauform herge-
stellt.

Ursache —— Die Eckschaufeln besitzen Bohrungen, die nur den
Anbau auf jeweils einer der beiden Seiten zulassen.

Lösung —— In die Eckschaufeln werden zusätzliche Bohrungen
eingebracht, sodass sie sowohl rechts wie auch links angebaut werden können.

Effekt —— Es muss jetzt nur noch eine Bauform gefertigt werden, wodurch sich auch die Lagerhaltung vereinfacht.

Grundprinzip —— Betriebsmittel einfach und kostengünstig gestalten, multifunktionale Teile verwenden.

Ableitung —— Wo ist es noch möglich, Betriebsmittel einfacher
zu gestalten oder zu standardisieren?

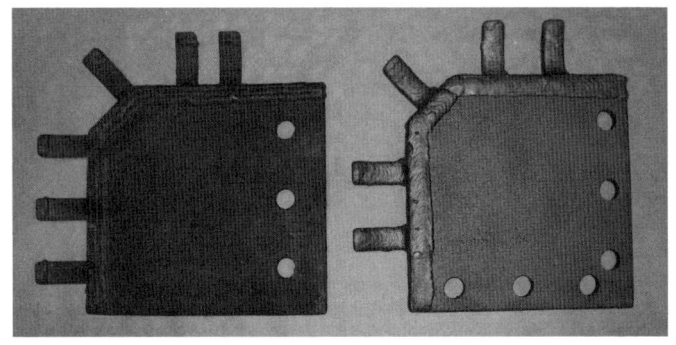

Gurtband

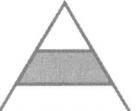

Problem ——— Das Verlängern von Gurtbändern mit Hilfe von Gurtverbindungen, um die benötigte Länge eines Gurtbandes zu erreichen, ist arbeits- und kostenintensiv.

Ursache ——— Die Gurtbänder werden auf einem runden Kern angeliefert, der aus Transportgründen eine bestimmte Höhe nicht überschreiten darf. Das führt dazu, dass die aufgewickelte Bandlänge in bestimmten Fällen nicht ausreicht und die Gurtbänder verlängert werden müssen.

Lösung ——— Für den Transport werden ovale Fördergurtwickel benutzt.

Effekt ——— Die Bandlänge kann dadurch um 37 Prozent erhöht werden. Die arbeits- und kostenintensiven Verlängerungen wie auch die Gurtverbindungen können eingespart werden.

Grundprinzip ——— Produktionsgerechte Transportmittel benutzen oder konstruieren.

Ableitung ——— Können durch die Veränderung von Transportmitteln noch an anderer Stelle im Unternehmen Verbesserungen für die Produktion erzielt werden?

Heißklärer

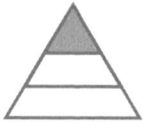

Problem ⎯⎯⎯ Ein vierzig Jahre alter Heißklärer war von innen stark korrodiert und sollte durch einen neuen ersetzt werden.

Ursache ⎯⎯⎯ Der Verschleiß war in Anbetracht der Nutzungsdauer normal.

Lösung ⎯⎯⎯ Da die Grundkonstruktion des Heißklärers statisch in Ordnung war, schlug ein Mitarbeiter vor, den Behälter von innen zu sandstrahlen und dann den Boden und die Seitenteile komplett mit Keramikplatten als Korrosions- und Schleißschutz auszumauern.

Effekt ⎯⎯⎯ Durch den Umbau konnte die Neuanschaffung des Heißklärers vermieden werden, was einer Ersparnis von rund 400 000 Euro entspricht.

Grundprinzip ⎯⎯⎯ Aufarbeiten, sanieren, überholen statt zu ersetzen.

Ableitung ⎯⎯⎯ An welcher Stelle im Unternehmen werden noch alters- oder gebrauchsbedingt Vorrichtungen, Maschinen oder Maschinenteile ausgetauscht?

Literatur

De Groot, M., et al. (2008): KVP im Team. Zielgerichtete betriebliche Verbesserungen mit Small Group Activity (SGA). Ansbach.

Fröschle, U./Geiger, W./Weck, L. (1996): Die KVP Studie. Lagefeststellung und -beurteilung. O. O.

Glahn, R. (2010): Effiziente Büros – Effiziente Produktion. Ansbach.

Hartmann, E.H./Beese, D. (2007): TPM – Effiziente Instandhaltung und Maschinenmanagement. Landsberg/Lech.

Hatzelmann, E./Held, M. (2005): Zeitkompetenz. Die Zeit für sich gewinnen. Weinheim.

Imai, M. (1997): Gemba Kaizen. A Commonsense, Low-Cost Approach to Management. New York.

Imai, M. (2005): Kaizen. Der Schlüssel zum Erfolg der Japaner im Wettbewerb. Berlin.

Kostka, C./Kostka, S. (2007): Der Kontinuierliche Verbesserungsprozess. 3. Auflage, München.

Krupp (1997): Druckfassung des §13 des Generalregulativs
(Quelle: 125 Jahre Betriebliches Vorschlagswesen, Krupp, 1997)

Leikep, S./Bieber, A. (2006): Der Weg – Effizienz im Büro mit Kaizen-Methoden. Norderstedt.

Menzel, F. (2009): Praxishandbuch Betriebsleiter. Kissing.

Menzel, F. (2009): Produktionsoptimierung mit KVP. München.

Regber, H./Zimmermann, K. (2007): Change Management in der Produktion. 2. Auflage, Landsberg/Lech.

Rehm, S. (1999): Gruppenarbeit. Ideenfindung im Team. 3. Auflage, Frankfurt a.M.

Reusch, F.A. (2009): Europastudie zum Business Profit von KVP. http://ci-europe.de/index.php

Schat, K.-D. (2005): Ideen fürs Ideenmanagement. BVW und KVP gemeinsam realisieren. Köln.

Schein, E.H./Hölscher, I. (2003): Organisationskultur. The Ed Schein Corporate Culture Survival Guide. Köln.

Schindelar, K. (2010): Betriebliches Vorschlagswesen. Anreize, Barrieren und Belohnungen. Saarbrücken.

Seifert, J.W. (2001): Visualisieren Präsentieren Moderieren. 21. Auflage, Offenbach.

Sprenger, R.K. (2002): Mythos Motivation. 17. Auflage, Frankfurt a.M.

Stolzenberg, K./Heberle, K. (2009): Change Management. Veränderungsprozesse erfolgreich gestalten – Mitarbeiter mobilisieren. 2. Auflage, Heidelberg.

Takeda, H. (1995): Das synchrone Produktionssystem. Hrsg. von Kaizen Institute of Europe, Landsberg/Lech.

Tozawa, B./Bodek, N. (2001): The Idea Generator: Quick and Easy Kaizen. Vancouver, WA.

Witt, J./Witt, T. (2006): Der kontinuierliche Verbesserungsprozess (KVP). 2. Auflage, Frankfurt a. M.

Womack, J. P./Jones, D. T. (1998): Auf dem Weg zum perfekten Unternehmen. München.

www.bsb-seite.de/system/myfiles/Gruppenarbeit_Bewertungsraster.pdf

www.kvp-factory.de

Stichwortverzeichnis

Der Autor

Dipl.-Psych. **Frank Menzel,** Jahrgang 1968, studierte Organisations-
psychologie, Englisch und Politikwissenschaften an der Universität
Bremen und arbeitet seit 1999 als selbständiger Berater. Seine Themenschwerpunkte sind der kontinuierliche Verbesserungsprozess
(KVP), der Aufbau betriebsinterner Qualifizierungssysteme sowie
die Optimierung von Wertschöpfungssystemen in Produktion und
Verwaltung.

Seit 2007 ist er Geschäftsführer der elements and constructs
GmbH & Co KG, die sich auf die Entwicklung von Methoden zur
Messung von Unternehmenskultur spezialisiert hat.

Auf seiner Website **www.kvp-factory.de** diskutiert er Fragen rund
um den KVP.

KAIZEN® ist eine eingetragene Schutzmarke des KAIZEN® Institute,
Bad Homburg (Deutschland).

Bibliografische Information der Deutschen Nationalbibliothek

Die Deutsche Nationalbibliothek verzeichnet diese Publikation in der Deutschen
Nationalbibliografie; detaillierte bibliografische Daten sind im Internet über
http://dnb.d-nb.de abrufbar.

Weitere Informationen zu Büchern aus dem Versus Verlag unter www.versus.ch

Umschlagbild und Illustrationen: Thomas Woodtli · Witterswil
Satz und Herstellung: Versus Verlag · Zürich
Druck: Comunecazione · Bra
Printed in Italy

ISBN 978-3-03909-203-1

VERSUS kompakt –
Business-Know-how für Smarte

Alle Bücher der Reihe **VERSUS kompakt**

Julia Hintermann

Ich kommuniziere – also bin ich!
Kommunikationsmodelle · Fallbeispiele · Praxistipps

ISBN 978-3-03909-202-4 · 144 Seiten · 2010

Frank Menzel

Einfach besser arbeiten

KVP und Kaizen – Kontinuierliche Verbesserungsprozesse erfolgreich gestalten

ISBN 978-3-03909-203-1 · 160 Seiten · 2010

Ulrich Fischer · Holger Regber

Produktionsprozesse optimieren: mit System!

Wichtigste Methoden · Beispiele · Praxistipps

ISBN 978-3-03909-200-0 · 176 Seiten · 2010

Markus Worch
Das kleine E-Mail-Buch
Dos and Don'ts im E-Mail-Alltag
ISBN 978-3-03909-164-5 · 128 Seiten · 2009

Tom Buser · Beat Welte
CRM – Customer Relationship Management für die Praxis
ISBN 978-3-03909-058-7 · 152 Seiten · 2006

VERSUS